다섯 가지 빛 이야기

코페르니쿠스 총서 02

시공간을 가로질러 우리에게 온 빛의 놀라운 여정

FIVE PHOTONS: Remarkable Journeys of Light Across Space and Time

다섯 가지 빛 이야기

제임스 기치 지음

김영서 옮김

황소걸음
Slow&Steady

시공간을 가로질러 우리에게 온 빛의 놀라운 여정
FIVE PHOTONS : Remarkable Journeys of Light Across Space and Time

다섯 가지 빛 이야기

펴낸날 2019년 10월 25일 초판 1쇄
엮은이 제임스 기치(James Geach)
옮긴이 김영서
만들어 펴낸이 정우진 강진영 김지영
꾸민이 Moon&Park(dacida@hanmail.net)
펴낸곳 (04091) 서울 마포구 토정로 222 한국출판콘텐츠센터 420호 도서출판 황소걸음
편집부 (02)3272-8863
영업부 (02)3272-8865
팩 스 (02)717-7725
이메일 bullsbook@hanmail.net / bullsbook@naver.com
등 록 제22-243호(2000년 9월 18일)
ISBN 979-11-86821-42-8 03440

황소걸음
Slow & Steady

정성을 다해 만든 책입니다. 읽고 주위에 권해주시길…
잘못된 책은 바꿔드립니다. 값은 뒤표지에 있습니다.

이 도서의 국립중앙도서관 출판시도서목록(CIP)은 서지정보유통지원시스템
홈페이지(http://seoji.nl.go.kr)와 국가자료공동목록시스템(http://www.nl.go.kr/kolisnet)에서
이용하실 수 있습니다.(CIP제어번호 : CIP2019038909)

감사의 말

시간을 내어 원고를 읽어주고 더 좋은 책이 될 수 있도록 사려 깊은 조언과 제안을 해준 내 형제 팀 기치와 동료 일라이어스 브링크스, 마틴 하드캐슬, 존 피콕, 더글러스 스콧에게 기쁜 마음으로 감사의 말을 전한다. 브렛 하딩과 함께한 작업도 무척 즐거웠다. 그의 멋진 그림 덕분에 내가 글로 설명하려 애쓴 천체물리학의 핵심 개념이 생생하게 살아났다. 마지막으로 아내 크리스틴에게 감사의 말을 전하고 싶다. "여보, 당신이 없었다면 나는 외로운 우주에서 길을 잃었을 거야."

차례

FIVE PHOTONS

하나

빛이란 무엇인가?

오늘 아침에 일어났을 때 밖이 아직 컴컴했다. 나는 비몽사몽간에 직감에 따라 계단을 딛고 손으로 벽을 짚으며 간신히 아래층으로 내려왔다. 맨 아래까지 와서는 손으로 더듬어 스위치를 찾았다. 불을 켜자 천장에 달린 전구 두 개에서 빛이 쏟아져 나왔다. 빛은 10억 분의 몇 초도 안 되어 베니어합판으로 된 바닥, 한쪽 구석에 놓인 유카 화분, 소파, TV, 우리 딸들이 여기저기 팽개쳐놓은 인형 등 거실에 있는 온갖 물체를 향해 날아가 부딪히기 시작했다.

각종 집 안 잡동사니에 부딪힌 빛 가운데 일부는 튕겨서 내게 되돌아왔다. 전구에서 나와 약 10ns(나노초)가 되자, 반사된 빛 중 일부가 내 얼굴에 난 작은 두 구멍으로 들어와서 약간 찌부러지고 꽤 유용한 모양을 한, 투명하고 작은 생체 조직 한 쌍을 통과한 뒤 가로막혔다. 이 때문에 빛의 진행 방향이 미세하게 바뀌어 눈 안쪽의 감광성 세포에 초점이 맺혔고, 이어 생체 전기 자극을 통해 시신경을 거쳐 뇌로 보내지는 반응이 촉발됐다. 대뇌의 시각 피질은 계속해서 들어오는 정보를 재빨리 판독하여 내게 이미지를 만들어줬다. 거실을 볼 수 있게 된 것이다.

우리가 경험하는 빛은 단순하고 친숙하다. 눈에 보인다. 빛은 우리 주변의 사물과 다양한 방식으로 상호작용 하고, 우리가 사물을 구별할 수 있게 해준다. 빛 덕분에 우리는 앤티크 원목 식탁과 플라스틱 의자를 구별하고, 광택을 낸 금속과 동물의 털을 구별할 수 있다. 아마 우리가 가장 쉽게 접하는 상호작용의 예는 '색깔'일 것이다. 우리 집 거실에 달린 전구에서는 '백색광'이 나오는데, 이 백색광은 무지개에서 보이는 모든 색이 혼합된 빛이다. 물리학에서는 이를 두고 스펙트럼이 넓은 광원이라고 부른다. 내 주위에 보이는 물체들은 백색광을 받지만, 다양한 색과 색조를 띤다. 전구는 넓은 스펙트럼을 발하는 광원인데, 그것이 비추는 주위 사물은 엄청나게 다양한 색을 띠는 현상을 어떻게 이해하면 될까?

답은 소재마다 입사광을 흡수하고 반사하는 방식이 다른 데 있다. 어떤 물체가 파란색을 띤다면 백색광에서 파란색만 반사하고 파란색을 **제외한** 모든 색은 흡수하는 것이고, 어떤 물체가 완전히 검은색을 띤다면 그 물체에 부덮힌 모든 빛을 흡수하는 것이다. 표면이 흰색이면 입사광이 전부 반사된 것이다.

여기까지는 많이 들어본 이야기다. 하지만 빛이란 도대체 무엇일까? 어떻게 한 곳에서 다른 곳으로 이동할까? 빛에 색이 있다는 것, 빛이 물체에 반사되거나 흡수된다는 것은 실제로 무엇을 의미하는가? 우리가 사는 세계에 관한 단순한 질문이 대부분 그렇듯, 이런 질문도 깊이 생각해야 한다.

물리학에서는 빛과 빛의 성질을 처음 배울 때 보통 광학 '법칙'으로 시작한다. 이 법칙은 빛이 공기나 유리, 물처럼 다양한 매질 속을 어떻게 통과하는지, 서로 다른 매질의 경계를 어떻게 지나가는지에 관한 규칙이다. 우리가 생각하는 '광선'은 광원에서 직선으로 뻗어 나가며 공간을 가로지른다. 광선의 행동 방식은 아주 간단한 규칙으로 기술될 수 있다. 편평한 거울을 예로 들어보자. 거울에 부딪힌 한 줄기 광선은 거울의 은빛 표면에 반사되어 튕겨 나올 것이다. 이는 우리가 잘 아는 사실이다. 하지만 반사된 광선은 무작위로 거울에서 반사되는 것이 아니라, 입사광과 법선(거울 표면에 수직인 가상의 선)이 이루는 각도와 똑같은 각도로 반사된다. 이를 반사법칙이라고 한다.

우리가 매일 접하는 다른 법칙도 있다. 예를 들어 한 매질에서 다른 매질을 통과하는 광선을 생각해보자. 물이 담긴 컵에 빨대를 넣어본 적이 있다면 빨대가 물속에 들어갈 때 휘거나 꺾이는 듯 보이는 것을 눈치챘을 것이다. 빨대가 실제로 부러지는 것은 아니지만, 물에 잠긴 부분에서 나온 광선이 물속을 지난 다음 공기 속을 거쳐 우리에게 도달하기 때문에 우리 눈에는 그렇게 보인다. 이 광선의 경로와 물 밖에 나와 있는 부분에서 비롯된 광선의 경로를 비교해보면, 후자는 우리 눈에 닿을 때까지 광선이 공기 속에서 이동할 뿐이다.

광선이 새로운 매질을 만나면 진행 방향이 약간 바뀔 수 있다. 이를 굴절이라고 한다. 광선이 방향을 바꾸는 것은 빛의 속력이 물질에 따라 바뀔 수 있기 때문이다. 독자들도 알다시피 광속은 기본상수fundamental constant 중 하나지만, 우리가 아는 값은 빛이 완전한 진공 속에서 이동할 때의 값이다. 예를 들면 유리 속에서 광속은 최대 광속의 2/3 정도다. 이와 유사한 현상을 물의 파동인 파도에서도 볼 수 있다. 평행한 파면wavefront을 이루며 물가로 밀려오는 물결은 수심에 따라 방향이 바뀐다. 파도는 수심이 깊은 곳에서 더 빨리 진행하므로, 파도의 어떤 부분이 모래톱처럼 수심이 낮은 곳을 지나면 그 부분은 느려지고 뒤처져서 파면이 휘기 시작한다. 파도의 진행 방향이 휘는 것이다.

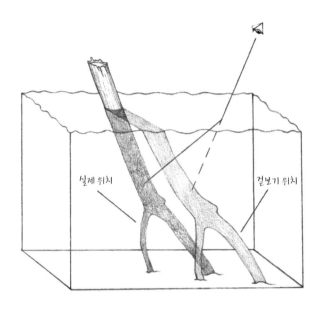

실제 위치

겉보기 위치

굴절
—

빛이 한 매질에서 다른 매질로 갈 때는 속력이 변한다. 이로 인해 광선의 진행
방향이 바뀌는데, 이것을 굴절이라고 한다.

컵 속의 빨대의 경우에서 우리가 광원으로 인식하는 곳
(다시 말해 뇌가 물체의 위치로 판독하는 곳)은 각 광선이
우리 눈에 들어오기 전에 여행한 직선 경로의 시작점이다.
물 밑에서 나오는 광선은 물을 통과해 공기로 나오면서 꺾
이므로, 빨대에서 물에 잠긴 부분은 우리 예상과 약간 다
른 곳에 있는 것처럼 보인다.

무지개가 생기는 원리도 굴절로 설명할 수 있다. 햇빛
속에 유리 조각을 들고 있으면 벽에 무지개가 생기기도 한
다. 유리의 굴절률, 즉 빛이 유리를 통과할 때 속력이 느
려지는 정도는 빛의 색깔마다 약간씩 다르다. 우리가 예
로 든 전구처럼 햇빛은 다양한 색으로 구성된다. 그러므로
햇빛이란 각기 다른 순수한 색이 있는 여러 광선의 집합이
라 생각할 수 있다. 햇빛이 굴절되면 여러 가지 색이 분산
되며 무지개를 만드는데, 이는 각각의 광선이 조금씩 다른
각도로 휘기 때문이고, 휘는 각도는 색에 따라 결정된다.

이런 규칙은 빛의 행동 방식에 대한 현상학적 기술이다.
안경과 같은 광학 장비를 설계하고 싶은 사람에게는 이런
규칙이 많은 도움이 될 것이다. 하지만 빛이 무엇인지 정
확하게 설명해주지는 않는다. 좀 더 깊이 들어가자. 앞서
파동을 비유로 든 데는 나름 이유가 있다. 빛도 파동의 일
종이기 때문이다. 빛은 전자기電磁氣 파동이다.

이것이 무슨 뜻일까? 전자기력은 자연계의 네 가지 힘 가운데 하나로 중력, '약한' 핵력, '강한' 핵력과 나란히 자리한다. 이중 두 가지 핵력은 물질세계를 구성하는 기본 단위인 원자의 구조를 결정하는 힘이며, 지극히 짧은 거리에서 작용한다. 중력은 우리 모두 알다시피 우주에서 질량이 있는 물체들이 서로 끌어당기는 힘이며, 아주 먼 거리에서도 작용할 수 있다. 중력은 우리를 지구에 붙잡아두고 지구가 태양 주위의 궤도를 계속 돌게 하며, 우주의 전체적인 질량 분포를 결정한다. 전자기력은 '전하'를 띠는 입자들 사이에 작용하는 힘이다.

전하는 아원자입자subatomic particle 혹은 원자보다 작은 입자의 기본 특성이다. 입자는 양전하를 띨 수도 있고 음전하를 띨 수도 있으며, 전하를 띠지 않을 수도 있다(이런 경우 '중성neutral'이라고 하는데 당분간 다루지 않는다). 같은 전하를 띠는 입자들은 서로 밀어내고, 다른 전하를 띠는 입자들은 서로 끌어당긴다. 이와 아주 유사한 예로 자석의 극과 극 사이에 작용하는 인력과 척력을 들 수 있다. 전자기력의 세기는 중력과 마찬가지로 전하를 띠는 입자들이 서로 얼마나 떨어져 있느냐에 따라 달라지며, '역제곱법칙inverse square law'을 따른다. 다시 말해 전하를 띠는 두 입자의 거리가 2배로 늘어나면 두 입자 사이에 작용하는 힘의 세기는 1/4배로 줄고, 거리가 반으로 줄면 힘의 세기는 4배로 늘어나는 식이다.

양전하를 띠는 입자의 예로 양성자가 있다. 양성자와 중성자(전하를 띠지 않는 아원자입자)는 원자핵을 구성하는 입자다. 양성자와 중성자는 각각 쿼크quark라고 부르는 아원자입자 세 개가 합쳐진 것이지만, 여기서는 더 깊이 들어가지 않겠다. 지금은 양성자와 중성자가 뚜렷이 다른 입자라고 생각해도 된다. 전자기력의 작용으로 전하를 띠는 입자들이 서로 밀어낸다면 어떻게 원자핵이 유지되는지 궁금할 것이다. 양성자들이 서로 밀어내 흩어지는 참사가 일어나야 하지 않는가? 바로 이 부분에서 강한 핵력이 등장한다. 강한 핵력은 아주 가까운 거리에서 작용해 양성자와 중성자를 한데 묶는다. 그런 작은 규모에서 그 힘은 양성자와 양성자 사이의 밀어내는 힘보다 세다. 따라서 전체적으로 볼 때 원자핵은 양전하를 띠는 입자 한 개로 생각할 수 있으며, 양전하의 총합은 핵에 들어 있는 양성자의 개수에 따라 결정된다.

양전하를 띠는 핵 주위에는 보통 양성자와 같은 수의 전자가 존재한다. 전자는 또 다른 아원자입자지만 음전하를 띠며, 질량은 양성자의 1/500 정도다. 양성자의 전하가 +1이라면 전자의 전하는 −1이다. 양성자의 전하와 전자의 전하는 상쇄된다. 따라서 원자를 구성하는 전자와 양성자의 전하를 모두 합한 알짜 전하net charge는 0, 즉 중성이 된다. 전자에 충분한 에너지를 가하면 핵의 인력에서 벗어나게 할 수 있는데, 그런 식으로 전자를 원자에서 떼어내는 데 성공하면 원자는 전체적으로 양전하를 띤다. 이 과정을 '이온화'라고 하며, 전자가 떨어져 나간 원자는 이온이라고 한다. 역으로 원자에 전자가 추가되면 음전하를 띠는 이온이 만들어진다.

전하를 띠는 입자들 사이에 작용하는 힘은 자연계에서 매우 중요한 역할을 한다. 원자들을 묶어서 분자라는 더 큰 구조를 만드는 것이다. 우리가 엄지손가락을 손바닥에 통과시키지 못하는 것은 피부와 근육, 뼈 안에 있는 분자들의 '정전기적electrostatic' 결합 때문이다.

이런 방식으로 형성된 결합을 보여주는 간단한 예는 우리가 흔히 보는 소금에서 발견할 수 있다. 소금은 염화나트륨NaCl 분자의 구어적 표현으로, 기본적으로 나트륨Na 원자와 염소Cl 원자로 구성된다. 이 원자들은 다음과 같은 방식으로 결합한다. 나트륨은 특정한 조건 아래 자신에게 있는 전자 중 하나를 염소 원자에게 제공하는데, 이 과정에서 두 원자는 모두 이온이 된다. 나트륨은 전자 하나를 잃었으므로 결과적으로 양전하를 띠고, 염소는 전자 하나를 얻었으므로 결과적으로 음전하를 띤다. 반대 전하를 띠게 된 두 이온은 서로 끌어당긴다. 이를 이온결합이라고 한다. 무수히 많은 나트륨과 염소 원자들이 이 방식으로 결합할 수 있는데, 이런 식으로 원자들이 규칙적인 격자 모양으로 배열된 것이 소금 결정이다.

두 원자가 전자를 한 개 이상 공유할 때는 다른 결합이 생성된다. 일반적으로 전자들은 원자 한 개의 핵에 결속되지만, 원자 두 개가 인접한 경우 각 원자를 수행하는 전자들이 두 원자 간에 공유될 수 있다. 이 겸직 수행원들은 두 핵의 인력을 즐기며 결과적으로 두 원자를 결합시킨다. 산소 분자 O_2가 이 '공유결합covalent bond'의 대표적인 예다. 분자들은 다양한 조합으로 결속돼 우리 주위에 보이는 물질세계를 조립한다. 각각 다른 수의 양성자, 중성자, 전자로 구성된 원자들이 정확히 어떻게 혼합되고 배열되는지에 따라 물질의 특성이 결정된다. 이들을 묶는 힘이 전자기력이다.

그렇다면 여기서 전자기파는 어디에 등장하는가? 전하를 띠는 모든 입자는 입자 주위에 '장field'을 형성한다. 장은 간단히 말해서 전하 주변에 작용하는 힘의 세기와 그 전하가 근처의 다른 전하에 미치는 영향의 크기를 표현하는 방법이다. 보통 우리는 그림으로 장을 그릴 때 전하를 띠는 입자에서 직선이 방사형으로 퍼져 나와 (원칙적으로는) 무한대까지 뻗어 나가는 것으로 표시한다. 입자와 가까운 곳은 선이 촘촘하다. 이는 장이 세다는 뜻이다. 입자에서 멀어질수록 선은 점점 넓게 퍼진다. 장이 점점 약해짐을 뜻한다. 물론 현실에서는 이런 선이 정말로 존재하지는 않는다. 이 선은 우리가 일반적으로 '벡터장vector field'이라고 부르는 것을 시각화한 것일 뿐이며, 전하를 띠는 '시험' 입자가 장 안의 어딘가에 놓였을 때 그 입자가 이동할 경로를 나타낸다. 예를 들어 전자가 양성자 가까이 놓인다면 그 전자는 양성자가 작용하는 힘을 받고, 장을 표현한 장선field lines을 따라 양성자 쪽으로 가속할 것이다.

이 간단한 그림 속의 전하와 장은 움직이지 않고 정지되었으므로 '정전기적'이라는 용어를 사용한다. 그렇다면 전하가 움직일 때는 어떤 일이 일어날까?

전자 하나를 흔든다고 상상해보자. 흔들리는 전자는 연못에 빠진 벌레처럼 주위에 전기장을 일으키고, 그에 따라 물결이 발생한다. 전기장은 더 이상 정지된 상태가 아니라 움직인다. 이제부터는 '전기역학electrodynamics'이다. 여기서 전자기electromagnetism 중 자기magnetism라는 부분이 등장하기 시작한다. 이것이 빛 이야기의 핵심이다.

제임스 클러크 맥스웰James Clerk Maxwell(1831~1879)은 우

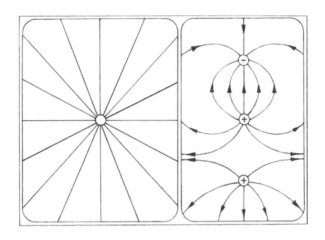

장선
—

전하를 띠는 입자 주위에 형성되는 전기장이 '장선'으로 표시됐다. 이 선은 장 안
에 있는 전하를 띠는 입자들에 작용하는 정전기력의 크기와 방향을 나타낸다.

리가 요즘 말하는 고전 전자기학의 기초를 확립한 과학자다. 맥스웰은 빅토리아 여왕 시대 에든버러 출신 물리학자로, 이 분야의 또 다른 선구자 마이클 패러데이Michael Faraday(1791~1867)를 비롯한 여러 학자의 생각을 발전시켜 전기와 자기를 '통합'했고, 둘이 얼마나 밀접하게 연관되는지 밝혔다. 맥스웰은 전기장이 시간에 따라 변하면 자기장을 일으키고, 그 반대도 성립한다는 것을 보였다. 전기장과 자기장의 작용 방식이 전하를 띠는 입자와 어떻게 연관되는지도 알아냈다.

그의 업적은 맥스웰의 방정식이라 불리는 간결한 방정식 네 개로 쓸 수 있다. 이 방정식은 자기장과 전기장의 '고전적' 특성과 그것들이 어떻게 연결되는지 기술한다. 여기에서 이 방정식을 모두 쓸 필요는 없을 것 같다. 핵심을 설명하자면 맥스웰의 방정식은 우주에 관한 근본적인 어떤 것을 기술한다. 맥스웰은 전자기학의 수학적 표현인 이 방정식에서, 전기장에 진동이 생기면 그에 따라 자기장이 진동하고 이렇게 발생한 진동은 파동처럼 발생 지점에서 출발해 멀리 '자유공간free space', 즉 텅 빈 우주 속을 가로지르며 전파된다는 것을 보였다. 이 파동은 에너지를 우주 공간으로 실어 나른다. 우리는 이것을 전자기 방사선electromagnetic radiation이라고 부른다. 이것이 빛이다.

이 전자기파는 얼마나 빨리 진행할까? 맥스웰의 방정식을 사용하면 '파동'방정식을 유도해낼 수 있다. 물의 파동이든, 전자기의 파동이든, 시간과 공간 안에서 파동의 성질을 나타내는 보편적인 방정식이다. 맥스웰의 연구에서 유도된 파동방정식을 보면 c로 표시되는 상수가 있다. 이는 라틴어 celeritas를 상징하는 것으로 '빠르기'를 뜻하며, 자유공간에서 전자기파가 나아가는 속도를 의미한다. c는 자유공간에서 빛의 속력으로 우주의 제한속도로도 알려졌으며, 그 값은 299,792,458m/s다.

전자기파의 특징도 파도처럼 간단한 방법으로 표현할 수 있다. 파장wavelength 혹은 파장과 역수 관계인 주파수frequency(진동수라고도 한다)로 나타낸다. 둘 다 파동의 에너지와 관련이 있다. 파장은 연이은 두 파동의 마루와 마루 사이의 물리적 거리다. 주파수는 연이은 파동의 마루가 어떤 고정된 기준점을 통과하는 속도로, 초당 같은 위상이 반복되는 횟수로 측정한다. 헤르츠Hz라는 단위로도 알려졌다. 따라서 전자기파처럼 파동의 속력이 일정하다면 파장이 길수록 주파수는 낮고, 파장이 짧을수록 주파수는 높을 것이다.

파동의 에너지를 증가시키면 파장은 짧아지고 주파수는 높아진다. 긴 로프의 끝을 잡고 불규칙하게 위아래로 흔들

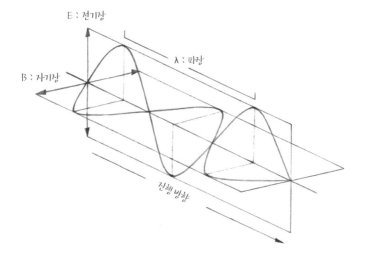

전자기파
—

전기장(E)의 진동은 그에 수직하는 방향으로 자기장(B)의 진동을 일으킨다. 연결된 이 두 진동은 전자기파(빛)의 형태로 공간 속으로 전파된다. 파동의 특징은 마루와 마루 사이의 거리(파장)나 장의 진동 속도(주파수)로 표시한다.

고 있다고 상상해보라. 여러분이 만든 파장이 다양한 로프 '파동'이 로프를 따라 진행할 것이다. 여러분의 팔은 파동을 내보내는 원천(파원)이라고 할 수 있다. 팔을 더 바쁘게 흔들면 로프 파동의 주파수가 높아질 것이다. 자연에서 우리가 접하는 전자기파(전자기복사)는 파원에 따라 매우 다양한 에너지를 갖는다. 라디오의 다이얼을 돌리면 어떤 주파수든 맞출 수 있는데, 사실 전자기복사 에너지도 이처럼 끊기지 않고 이어지는 '연속체continuum'다. 이를 가리켜 전자기 스펙트럼이라고 한다.

전자기 스펙트럼이 매끄럽게 이어지는 연속체이기는 하지만, 에너지의 범위가 너무 넓어서 편의를 위해 크게 몇 부분으로 나누고 부분마다 이름을 붙였다. 에너지가 가장 낮은 대역은 전파radio waves로, 파장이 몇 cm에서 1km 혹은 그 이상인 전자기파다. 전파는 자연적으로, 특히 천체물리학적으로 발생한다. 하지만 우리는 실용적인 목적을 위해 전파를 발생시키고 그것을 다루는 법도 습득했다. 가장 잘 알려진 예는 통신에서 찾아볼 수 있다. 진동하는 전기장과 자기장은 장 안에 있는 하전입자도 진동하게 만든다. 따라서 전파가 안테나를 통과하면 안테나 안에 있는 전자들이 전파에 반응한다. 이 반응은 전류를 발생시키고, 그렇게 발생한 전류는 수신기에서 감지된다. 우리는 정보를 신

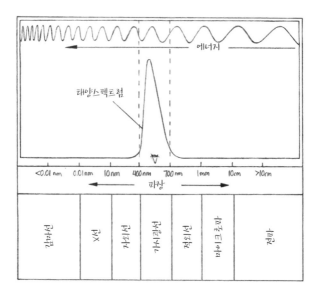

전자기 스펙트럼
—

전자기파 혹은 광자는 넓고 연속적인 에너지를 가지며, 파장(혹은 주파수)으로
특징지을 수 있다. 인간이 볼 수 있는 빛의 범위는 태양이 가장 많이 방출하는
빛 에너지의 범위와 대략 비슷하다.

호화해 전파로 송출함으로써 라디오와 TV 프로그램을 먼 거리까지 전달할 수 있다.

조금 더 높은 에너지 대역으로 이동하면 마이크로파(극초단파)를 만난다. 마이크로파는 파장이 몇 mm에서 몇 cm까지 된다. 이 정도 파장의 파동은 음식에 든 물 분자를 진동시킬 수 있다. 앞서 얘기했듯이 전하를 띠는 입자가 전자기파에 반응하기 때문이다. 산소 원자 한 개와 수소 원자 두 개로 구성된 물 분자는 '극성polar'분자라 불린다. 분자의 한쪽 끝은 약간 양전하를 띠고, 다른 쪽 끝은 약간 음전하를 띠기 때문이다. '쌍극자dipole'라고 불리는 이 전하 분포의 불균형은 물 분자가 특정 주파수로 진동하는 전자기장의 영향을 받으면 회전한다는 것을 뜻한다. 물 분자의 회전은 에너지의 한 형태이고, 이 에너지는 음식에서 열에너지로 발산돼 음식을 익힌다.

전자기 스펙트럼의 여행을 계속해보자. 우리가 마이크로파를 지나 도달하는 곳은 적외선이다. 적외선은 파장이 1mm에서 1000분의 몇 mm까지 짧아지는 대역이다. 적외선의 에너지는 범위가 굉장히 넓어서 다시 원적외선far-infrared, 중적외선mid-infrared, 근적외선near-infrared으로 나뉜다. '적외선'에 붙은 접두사는 가시광선 스펙트럼에서 얼마나 에너지 차이가 나는지를 뜻한다. 예를 들어 가깝다near는 뜻의 접두사가 붙은 근적외선은 우리가 눈으로 볼 수 있는 가장 붉은색 빛과 인접한 빛이다.

천체물리학에서는 적외선 복사를 내뿜는 광원이 굉장히 다양하기 때문에 적외선 스펙트럼은 이런 방식으로 나누는 것이 유용하다. 어느 물체든 0K(켈빈, 절대온도)보다 수십 K 높으면 적외선 복사를 방출한다. 흔히 이것을 '열thermal' 적외선이라고 한다. 다시 한 번 말하지만, 이렇게 부르는 이유는 뜨거워진 물체 안에 있는 입자들의 운동 때문이다. '열'이 있다는 것은 원자와 분자가 들썩인다는 것, 즉 열에 너지를 갖고 이리저리 밀치며 다닌다는 것을 암시한다. 0K 에서는 입자들이 움직이지 않지만, 열이 가해지면 적어도 입자들의 결합을 벗어나지 않는 범위에서 움직이기 시작 한다. 온도가 높아질수록 입자들의 움직임은 더욱 격렬해 진다. 움직이는 모든 전하는 전하에서 생성된 전기장을 진 동시켜 전자기파를 발생시키며, 이 전자기파는 열에너지 를 싣고 공간 속으로 전파된다. 이것이 적외선 빛이다. 0~ 수십 K밖에 안 되는 온도가 낮은 물체는 파장이 긴 원적외 선을 방출하고, 온도가 높아질수록 파장이 점점 짧아져 중 적외선을 방출하다가 더 짧아지면 근적외선을 방출한다.

이제 전자기 스펙트럼의 가시광선 대역을 살펴볼 차례 다. 동물은 물론이고 인간은 파장의 범위가 400~700nm

(나노미터, 1nm＝10^{-9}m)인 전자기복사를 눈으로 볼 수 있게 진화했다. 이것이 무슨 뜻인지 잠시 생각해보자. 여러분의 눈에는 전기장과 자기장이 서로 수직으로 진동하며 공간 속을 진행하는 전자기파에 반응하는 세포들이 있다. 이 세포들은 전자기파에 대한 반응을 뇌에 전달하고, 여러분의 뇌는 이 자극을 의미 있는 정보(이미지)로 해독한다.

가시광선 스펙트럼에서 가장 파란색 부분을 지나면 더 높은 에너지를 가진 자외선이 있다. 파장은 수십~수백nm다. 적외선이 몇 부분으로 나뉘듯, 자외선도 '근'자외선과 '원'자외선으로 나뉜다. 근자외선은 우리가 볼 수 있는 가장 파란색 빛과 닿아 있다. 태양에서 나오는 자외선이 끼치는 해로운 영향에 대해 들어본 적이 있을 것이다. 자외선이 손상을 끼치는 이유는 파동 에너지 때문이다. 파동이 어떤 것(예를 들어 생체 조직)에 부딪히면 공간을 가로질러 수송된 에너지가 세포 물질로 이전된다. 때로는 이로 인해 피부가 그을리고, 심한 경우 세포 변형이 일어날 정도로 DNA 분자가 손상되는 등 파괴적인 영향을 미치기도 한다.

에너지가 더 증가하면 자외선에서 X선으로 바뀐다. X선을 넘어서면 파장이 0.01nm보다 짧은 감마선을 만난다. 여기부터 빛이 정말로 위험해진다. X선은 연한 물질을 쉽게 관통하기 때문에 유용하다. 가시광선은 피부 표면에서 흡수되고 반사되기 때문에 보통 우리는 손 내부를 볼 수 없다. X선은 피부를 곧장 통과한다. 우리는 이 특성을 이용해 신체 내부의 이미지를 얻기도 하는데, 보통 X선의 투과율이 피부나 근육보다 낮은 뼈가 드러난다. 하지만 자외선의 경우와 마찬가지로 고에너지 X선이 신체 내부 세포에 에너지를 축적하면 세포가 손상될 수 있으므로, X선 투과가 문제가 될 수도 있다. 때로는 이 효과를 바라기도 한다. 예를 들어 우리는 고에너지 전자기 선을 집중적으로 쬐어 암세포를 죽이는 데 사용하기도 한다.

지구에서는 감마선이 일반적으로 방사성원소radioactive elements와 관련이 있다. 성질이 더 극단적인 X선의 사촌쯤이라고 생각하면 된다. 이 방사선에 노출되면 심각한 손상이 초래될 수 있으므로, 감마선이 해를 끼치기 전에 되도록 많은 방사선을 차단할 수 있도록 납처럼 밀도가 높은 물질로 방출원을 겹겹이 둘러싸야 한다.

이 모든 파동이 우리 주위의 삼차원 공간 속을 여기저기 날아다니는 것으로 상상해도 좋다. 진동하는 전기장과 자기장의 바다가 우리를 스쳐 지나가는 것이다. 이런 파동은 방출원이 다양하며, 그에 따라 에너지가 결정된다. 대다수 파동은 우리를 우회해 지나가거나 우리도 모르게 통과한다. 우리가 감지할 수 있는 파동도 있다. 우리는 그중 일부를 활용해 용도에 맞게 송신하고 조작하고 검출해왔다. 〈X팩터The X Factor〉 같은 TV 프로그램을 송신하거나 방사선 치료를 하는 것이 그 예다. 핵심은 파동이 실제로 존재한다는 사실이다. 파동은 어디나 있으며, 온 공간을 돌아다닌다. 이것이 빛(전자기복사)의 정체다. 하지만 그리 간단하지 않다. 다른 방식으로 빛을 볼 수도 있다. 빛을 파동이 아니라 **입자**로 보는 것이다.

20세기 초, 가장 작은 규모의 자연계에 대한 우리의 이해에 일대 혁명이 있었다. 양자역학. 아마 여러분도 들어봤을 것이다. 양자역학은 어렵고 복잡한 주제라서 안타깝지만 우리는 그 경이로운 세계에 깊이 빠져들 시간이 없다. 이는 다음 기회에 살펴보자. 양자역학이 우리에게 빛을 설명하고, 빛과 물질의 상호작용을 설명하는 틀을 제공한다는 사실이 중요하다. 이 틀은 전자기파에 대한 '고전적' 설명보다 훨씬 깊은 층위까지 내려간다.

양자역학의 주요 원칙은 이해하기 쉽다. 전자기복사를 비롯해 에너지가 '양자quanta'라고 불리는 불연속적인 덩어리로 존재한다는 것이다. 입자란 이 알갱이, 양자를 말한다. 빛이 입자의 흐름으로 구성된다는 발상은 새로운 개념이 아니다. 17세기에 아이작 뉴턴은 빛이 '미립자corpuscle',

즉 미세한 입자로 구성된다고 주장했다. 알다시피 뉴턴은 이상한 사람이 아니다. 불행히도 이 초기의 입자 모형은 빛이 작은 구멍을 통과할 때 만들어지는 무늬처럼 우리에게 관찰되는 빛의 특성 중 어떤 것은 설명하지 못했다. 결국 로버트 훅Robert Hooke과 크리스티안 하위헌스Christiaan Huygens를 비롯해 뉴턴의 경쟁자와 동시대인의 지지를 받은 빛의 파동 모형이 모두에게 인정받았고, 수 세기 동안 우리의 '고전적' 사고를 지배했다. 사람들은 고전 전자기학이 문제를 토해내기 시작했을 때 비로소 파동 모형으로 이야기가 끝난 것이 아닐 수 있음을 깨달았다.

현재의 이론으로 자연현상을 설명할 수 없을 때, 세상이 어떻게 작동하는지 이해를 다듬고 개선할 기회가 된다. 우리는 과학에서 이론을 발전시켜 예측하고, 이를 관측과 비교한다. 예측과 관찰이 서로 맞지 않으면 이론을 다듬거나 폐기한다. 이런 조정은 대부분 미세하지만, 획기적인 때도 있다. 이런 일이 20세기 초에 벌어졌다.

고전물리학에서 문제가 된 것 중 하나는 '자외선 파탄 문제'로 알려진 현상이다. 파탄이라니 실제보다 과장된 표현이기는 하다. 이는 가열된 가상의 공동空洞(아주 작은 구멍이 뚫린 봉인된 상자)에서 방출되는 복사를 설명할 때 발생하는 문제를 지칭한다. 공동은 일종의 오븐이라고 생각하면 된다. 이 공동에는 특별한 성질이 있는데, 공동의 벽이 벽에 부딪히는 모든 전자기복사를 흡수한 뒤 다시 방출해 전자기복사와 '열평형thermal equilibrium'을 이룬다. 이 가상의 공동을 '흑체black body'라고 한다. 전자기파는 계속해서 벽에 흡수되고, 벽에서 다시 방출되며 벽에서 벽으로 반사되다가 결국 그중 일부가 구멍으로 빠져나와 외부에 있는 사람에게 관찰된다.

고전물리학에서는 공동이 열평형에 있을 때 '정상파standing wave' 형태를 한 일련의 전자기파로 공동이 채워진다. 정상파란 진폭은 변하지만 마루와 골의 위치가 공간적으로 고정된 파동을 말한다. 흔히 이 파동을 공동 안의 마주한 벽에 양 끝이 고정된 여러 개 끈으로 상상한다. 기타 줄을 튕기듯 끈을 진동시키면 끈들은 서로 다른 주파수frequency로 진동한다. 이때 생기는 다양한 주파수를 진동 '모드mode'라고 부른다. 고전 전자기학 이론에 따르면 각 진동 모드의 평균 에너지는 계system의 온도와 비례하고, 원칙적으로는 주파수를 증가시키면서 무한대로 많은 모드를 공동 안에 넣을 수 있다.

고전 이론이 예측하는 방식으로 공동 안의 총 에너지를 전자기장의 진동 모드별로 쪼개보면, 공동의 구멍에서 빠져나오는 빛의 스펙트럼은 주파수가 높아질수록 급격히

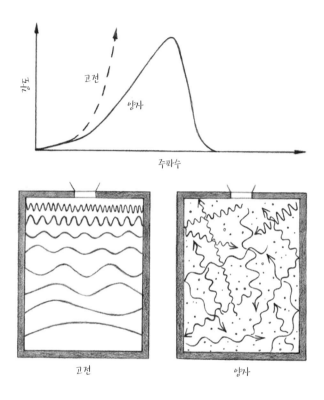

공동 속의 전자기복사

—

열평형을 이룬 가상의 가열된 공동 '흑체'를 가득 채운 전자기복사에 대한 고전적 관점과 양자적 관점의 비교.

증가한다. 바꿔 말해 이론의 예측에 따르면 공동에서 방출되는 빛의 강도는 주파수가 증가할수록 커지는데, 그러면 구멍에서 방출되는 복사에너지를 주파수에 따라 적분해 총량을 구할 때 무한대가 된다. 이는 현실에서 일어나는 현상과 엄연히 달랐다.

공동에서 빠져나오는 전자기복사의 주파수가 낮은 경우는 고전 이론이 예측한 스펙트럼 모형이 잘 맞았지만, 자외선 빛에 해당하는 주파수 이상부터는 정확성이 급격히 떨어졌다. 사실 공동에서 나오는 빛의 스펙트럼은 특정한 분포를 따른다. 주파수가 증가함에 따라 에너지가 커지다가 특정한 주파수에서 정점을 찍고, 그 주파수가 지나면 다시 떨어진다. 에너지가 정점을 찍는 주파수의 정확한 값은 계의 온도에 달렸다. 공동이 뜨거울수록 주파수가 높은 (더 푸른) 빛을 발산하지만, 방출된 빛의 에너지를 모두 더해보면 그 총합은 분명히 유한하다.

양자 이론의 아버지로 여겨지는 막스 플랑크Max Planck (1858~1947)는 20세기가 막 시작되는 때, 이 문제에 해답을 제시했다. 연속적인 파동은 잊고, 전자기에너지가 불연속적인 덩어리(양자 단위)로 운반된다고 생각하라는 것이다. 플랑크는 자신의 양자 모형을 이용해 고전 이론에서 발생하는 문제를 처리했다. 그의 양자 모형에서 가상의 가

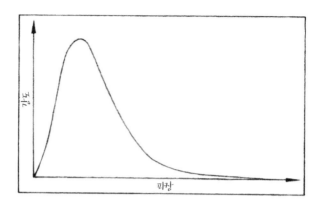

흑체 스펙트럼
—

플랑크 함수로 그린 흑체 스펙트럼. 정점의 위치는 물체의 온도에 따라 결정된다. 온도가 높을수록 정점은 파장이 짧은(더 푸른) 쪽에 생기고, 온도가 낮을수록 파장이 긴(더 붉은) 쪽에 정점이 생긴다.

열된 공동은 정상파가 아니라 '기체' 입자로 차 있으며, 각 입자는 양자 단위의 전자기에너지다. 플랑크는 스펙트럼의 강도를 이론적으로 풀어냈고, 그 공식은 관측과 멋지게 들어맞았다. 이제 우리는 이 전자기에너지 양자를 '광자', 가열된 공동 안의 광자 에너지의 분포를 나타내는 함수를 '플랑크 함수Planck function'로 부른다.

우리는 빛과 물질의 양자적 특성을 발견함으로써 우주를 이해하는 데 전환점을 맞았다. 이 발견은 자연이 어떻게 작동하는지 알고자 하는 인간의 근원적인 욕구를 충족했을 뿐만 아니라, 진정한 베이컨 철학[1]적인 측면에서 우리에게 능력도 주었다. 기술을 개발할 수 있게 해주었기 때문이다. 컴퓨터, 평면 TV, 자기공명영상MRI 스캐너와 레이저 등을 제조할 수 있는 것은 우리가 양자물리학을 이해하기 때문이다.

그렇다면 전자기 파동이라는 개념은 버려야 할까? 전혀 그렇지 않다. 여기서 문제가 조금 이상해진다. 에너지가 불연속적인 덩어리로 존재할 수 있고 빛이 전자기에너지의 한 형태라는 말은 곧 전자기파의 진행이 양자역학적

---

[1] 실험과 관찰을 통해 얻는 지식을 중요시함.—옮긴이

규모에서는 개별적인 에너지 입자, 즉 광자의 여정과 비슷하다는 의미다. 하지만 우리는 빛이 여전히 파동 물리학의 규칙을 따른다는 것도 알고 있다. 산란이 한 예다. 따라서 빛은 파동**이면서** 입자처럼 행동할 수 있다. 이를 파동-입자 이중성wave-particle duality이라고 한다. 이것은 이론적 궤변이 아니라 실험에서 관측되는 현상이다.

과학자 토머스 영Thomas Young (1773~1829)의 이름을 딴 '영의 이중 슬릿Young's Slits' 실험이 있다. 물리학과 학생이라면 누구나 하는 실험이다. 영은 19세기 초에 이 실험의 한 가지 형태를 고안했다. 영의 이중 슬릿은 간단한 실험이다. 이 실험의 현대적 버전에서는 한 가지 주파수의 빛을 일정하게 내는 레이저 같은 단일광으로 아주 좁은 슬릿이 두 개 있는 불투명한 판을 비추도록 구성된다. 각 슬릿의 폭은 몇 분의 1mm에 불과하며, 두 슬릿은 약 1mm 간격으로 떨어져 있다. 슬릿을 가운데 두고 광원의 반대쪽에는 스크린이 적절히 떨어진 거리에 놓였다. 우리는 스크린에 밝고 어두운 일련의 줄무늬가 투영되는 것을 볼 수 있다.

예의 고전물리학적 파동 그림에서는 레이저에서 평면파plane waves가 불투명한 판을 향해 나가는 것이 마치 평행한 파도가 벽으로 밀려가 찰싹거리는 것 같았다. 파동은 슬릿이 있는 지점을 통과할 수 있지만 평행하고 온전한 평면파 상태로 진행하지 않고, 슬릿 하나하나가 그 자체로 광원인 것처럼 두 슬릿에서 각각 팽창하는 반원 무늬로 펼쳐진다. 이 현상은 슬릿의 폭이 그것을 통과하는 파동의 파장과 비슷할 때만 뚜렷하게 나타난다. 좁은 항구의 어귀로 들어가는 파도에서도 똑같은 현상을 볼 수 있다. 파면이 휘는 현상은 파동이 통과하는 구멍의 크기나 파동이 둘러 가는 물체의 크기가 파동의 파장과 비슷하면 모든 파동에서 생긴다. 이를 파동 물리학의 또 다른 기본 법칙인 회절diffraction이라고 한다.

이 실험의 핵심은 그다음에 벌어지는 현상이다. 슬릿에서 나온 반원 모양 파동은 파면들이 교차하기 시작하면서 다른 쪽 슬릿에서 나온 파동과 상호작용을 한다. 어떤 곳에서는 두 파동의 마루가 나란히 놓이면서 진폭이 증가하고, 어떤 곳에서는 마루와 골이 겹치며 상쇄한다. 우리는 이것을 '간섭interference'이라고 부른다. 진행하는 파면이 증폭되고 상쇄된 부분이 스크린에 닿으면 밝고 어두운 줄무늬, 즉 '간섭무늬'가 보인다. 이것은 빛을 파동이라고 생각하면 모두 말이 되는, 모형을 만들기도 이해하기도 쉬운 이야기다. 하지만 빛을 입자로 보는 광자 모형에서는 어떨까?

극단적인 경우를 생각해보자. 수도에서 물이 똑똑 떨어지는 것처럼 원래 광원의 세기를 줄이고 줄여서 스크린을

영의 이중 슬릿

—

간격을 조금 두고 떨어져 있는 좁은 두 슬릿에 빛을 비추는 물리 실험의 고전. 슬릿의 폭이 빛의 파장과 비슷하면 슬릿을 통과한 빛이 부채꼴로 퍼져 나간다. 이 현상을 회절이라고 한다. 각각의 슬릿에서 나온 두 파동은 서로 '간섭'한다. 마루와 마루는 합쳐지고, 마루와 골은 상쇄될 것이다. 간섭은 스크린에 일련의 밝고 어두운 줄무늬를 만들어낸다. 이중 슬릿에 광자(혹은 전자도 마찬가지다)를 하나씩 연속으로 쏘아 보내도 똑같은 무늬가 나타나므로 파동-입자 이중성을 확인할 수 있다.

향해 광자를 하나씩 발사한다고 상상해보자. 이 상황을 단순하게 그려보면 어떤 광자는 판의 불투명한 부분에 부딪혀 흡수되고, 어떤 광자는 우연치 않게 두 슬릿 중 한 곳을 통과할 것이다. 우리는 이 경우, 직감적으로 다음과 같은 예상을 한다. 광자는 슬릿을 통과하거나 통과하지 않거나 둘 중 하나이기 때문에, 결국 스크린에 나타나는 것은 각 슬릿을 통과한 광자의 축적에 해당하는 밝은 띠 두 개일 것이다. 하지만 이는 실제로 보이는 결과와 다르다. 밝고 어두운 줄무늬로 된 간섭무늬가 여전히 나타난다. 광자가 개별적인 에너지 덩어리임에도 파동의 성질을 띠기 때문이다.

더 깊이 생각해봐야 할 점이 있다. 양자역학에서는 입자의 공간상 실제 위치가 더 이상 특정적이거나 절대적이지 않다. 따라서 우리는 이 양자 입자가 자유롭게 움직이는, 점처럼 뚜렷이 정의된 독립체라고 생각할 수 없다. 오히려 (광자 같은) 양자 입자가 스크린에 부딪히는 경우처럼 실제로 관찰될 때까지 그것이 공간(이 경우에는 시간)상 어느 특정한 위치에 존재할 **확률**을 말할 수 있을 뿐이다. 우리는 입자의 '파동함수'를 써서 공간과 시간상의 확률 분포를 수학적으로 표현한다. 파동함수는 양자역학의 또 다른 선구자 에르빈 슈뢰딩거Erwin Schrödinger(1887~1961)의 이름을 따 슈뢰딩거방정식이라고 부르는 파동방정식의 해解다. 여러분도 알다시피 파동방정식은 파동에 대한 규칙을 수학적 형식을 빌려 기술한 것이다. 여기서 파동은 물결이 될 수도 있고, 음파나 다른 종류가 될 수도 있다. 광자 같은 양자 독립체가 입자인 동시에 파동처럼 행동하도록 해주는 것이 바로 파동함수다. 우리가 사는 거시적 세계에서는 어떤 것이 '분명히 저기' 있다고 특정하는 데 익숙하기 때문에 상상하기 어렵지만, 양자의 세계에서는 어떤 것이 '아마도' 저기 있을 뿐이다.

파동-입자 이중성은 다른 양자역학적 물체에도 적용된다. 우리는 전자가 전하를 띠는 입자라고 소개했다. 아마도 여러분 머릿속에 아주 작은 공 하나가 떠오를 것이다. 하지만 전자 역시 양자 독립체이고, 파동함수도 있다. 전자의 위치는 우리가 파동함수를 '붕괴'할 때, 즉 전자를 관찰하는 순간에야 비로소 특정된다. 따라서 광자가 아니라 전자를 가지고 영의 이중 슬릿 실험을 한다면, 다시 말해 슬릿을 향해 전자를 한 번에 하나씩 쏘아 스크린에 부딪힐 때 나타나는 신호를 기록한다면, 광자 때와 마찬가지로 간섭무늬를 관찰하게 된다. 축적된 전자의 신호가 밝고 어두운 줄무늬로 나타나는 것이다. 슬릿과 스크린 사이에서 전자의 파동함수는 서로 보강되고 상쇄되며 간섭한다.

파동-입자 이중성을 보여주는 훌륭한 예다.

이 분야의 기초를 닦은 또 한 사람, 닐스 보어Niels Bohr (1885~1962)는 양자역학에 충격을 받지 않은 사람은 양자역학을 이해하지 못한 것이라고 말했다. 실제로 양자역학에는 기이한 점이 있어서, 일상의 직관을 버릴 수밖에 없도록 만든다. 일상생활에서 양자역학적 현상을 볼 수 없기 때문이다. 하지만 이런 기이한 점에도 나는 빛에 대해 생각할 때 뉴턴이 상상한 빛을 생각하지, 파도가 일렁거리며 공간을 채우는 그림을 떠올리지 않는다. 내가 생각하는 빛의 모습은 공간을 쏜살같이 내달리는 독립된 입자들의 흐름이다. 각기 다른 양의 에너지를 지닌 작은 알갱이들이 도중에 물질을 만나면서 반사되거나 산란 되거나 흡수된다. 빛 입자 하나하나가 각자 여정이 있다.

고전물리학이 알려주는 세계는 여기까지다. 양자역학(자연에 대한 더 깊은 지식) 없이는 근본적인 차원에서 빛과 물질의 상호작용을 완전히 이해할 수 없다. 여러 물체에서 빛이 반사되어 다양한 색을 발하고, 피부 세포에 자외선이 흡수되고, 안경 렌즈를 통과하면서 빛이 굴절되는 이모든 현상이 궁극적으로는 양자전기역학quantum electrodynamics에 따라 설명된다. 우리가 아는, 자연에 대한 가장 완벽한 설명이라고도 부르는 양자전기역학은 광자가 전하를 띠는 입자와 어떻게 상호작용 하는지 모두 설명해준다. 사실 전자기력도 전하를 띠는 입자들 간 광자의 '교환'으로 설명된다.

광자와 물질의 상호작용을 좌우하는 기본 법칙은 우리 집 거실을 밝히는 빛이든, 우주를 가로지르는 광자 하나하나의 여정이든 똑같이 적용된다. 그 법칙은 매일 지는 노을이나 무지개, 달빛 비추는 밤을 설명해주며, 여름 오후에 드리우는 긴 그림자, 토성의 위성 타이탄에 존재하는 탄화수소의 바다에 햇빛이 반사되어 반짝거리는 장관도 설명해준다. 르누아르와 피카소의 그림도 구별할 수 있게 해준다.

보통 우리가 경험하는 빛은 빌딩 사무실의 형광등이나 반짝이는 냉장고 문처럼 평범하기 짝이 없고, 따분할 정도로 지상에 제한된다. 하지만 하늘로 시선을 돌려보면 다른 이야기가 펼쳐진다. 밤하늘에서는 초승달을 볼 수 있을 것이다. 태양이 달을 비추면서 달에 있는 산과 분화구의 그림자가 드리워져 삐죽삐죽한 명암 경계선이 생긴다. 행성이 태양계를 횡단한 햇빛을 반사해 저녁 하늘에서 밝게 반짝이는 것도 보인다. 하늘에 핀처럼 박힌 별 수천 개도 보이고, 우리가 사는 은하의 은하면이 천구에 수놓은 은하수도 보인다. 이런 모습은 수만 년 동안 인간의 마음을 사로잡았지만, 더 심오한 이야기의 처음 몇 쪽에 불과하다.

우주 이야기는 우주를 채우는 빛에 쓰여 있다. 조그만 바윗덩어리 표면에 남겨진 우리는 하늘을 올려다보며 이야기를 읽으려 한다. 그중 일부가 이 책에 담겨 있다. 시간과 공간을 가로지르는 빛의 놀라운 여정을 통해 설명하는 다섯 가지 천체물리학 과정. 다섯 가지 빛 이야기.

FIVE PHOTONS

둘

과거에서 온 빛

수평선 쪽을 바라보라. 가장 멀리 무엇이 보이나? 지구상에서 우리가 볼 수 있는 범위는 지구라는 구체球體의 곡률에 따라 결정된다. 예컨대 바다와 하늘이 맞닿은 선에서 대형 선박이 나타나는 경우, 돛대부터 모습을 드러낸 다음 선체가 시야에 들어온다. 우리가 수평선 너머를 볼 수 없는 이유는 광선이 일직선으로 나아가기 때문이다.

우주라면 어떨까? 빛이 지구에 도달하는 데 우주의 나이보다 짧은 시간이 걸렸다면 우리는 원칙적으로 그 빛의 발원지까지 볼 수 있다. 좀 복잡하게 들리려나? 다음과 같이 생각하는 게 더 직관적일지도 모르겠다. 빛은 고정된 속도로 움직인다. 이 말은 빛이 어디서 발산되든 우리에게 도달하기까지 유한한 시간이 걸린다는 뜻이다. 지구까지 오는 데 우주의 나이보다 많은 시간이 걸리는 빛이라면 아직 우리에게 도달하지 않은 상태다. 우리는 그 빛을 관측할 수 없다. 따라서 **관측 가능한** 우주observable universe의 크기는 제한된다. 당연히 전체 우주의 실제 크기는 훨씬 더 클 가능성이 있다.

우주의 나이는 약 140억 년이다. 그러니 관측 가능한 우주의 지평선이 모든 방향에서 140억 광년일 것이라고 생각할 수도 있다. 실제로는 그보다 훨씬 크다. 우주(공간 자체)가 처음 생겨난 뒤 계속 팽창하고 있기 때문이다. 140억 년 전 우주가 시작될 때, 어떤 가상의 광원에서 광자가 방출됐다고 상상해보자. 그 광자의 최대 여행 시간은 당연히 우주의 나이에 따라 정해진다. 정적인static 우주라면 그 광자가 이동한 거리가 약 140억 광년으로 제한되겠지만, 우주가 계속 팽창하기 때문에 그 광자의 출발점과 관찰자인 우리의 거리는 광자가 비행하는 동안에도 계속 벌어지고 있다. 빛이 처음 발산됐을 때보다 지금, 광자의 출발점과 우리 사이에 실제로 더 많은 공간이 있다. 이 팽창까지 고려해서 계산해보면, 관측 가능한 우주의 반지름은 약 **450억** 광년이 된다.

나는 멀리 떨어진 은하를 연구하는 천체물리학자지만, 광자들이 상당히 먼 우주 공간을 여행한다는 점에 대해서는 거의 생각하지 않는다. 내 관심을 끄는 것은 그 여정의 시간적 길이다. 그 광자들은 공간뿐 아니라 시간도 여행했다. 그들은 과거에서 온다.

　노을 진 하늘을 응시하다가 점점 붉어지는 태양이 수평선 너머로 잠기는 모습을 보면서 자신이 지금 과거를 보고 있다는 생각을 해본 적이 있는가? 당신에게 보이는 빛은 태양에서 출발해 태양계를 약 8분 동안 가로질러 지구 대기에 닿았다. 따라서 당신이 보는 태양은 약 8분 전의 태양이라고 할 수 있다. 당신이 방 반대쪽에 있는 애인과 슬쩍 마주친 눈빛에서 본 것은 (순간의 차이겠지만) 애인의 과거의 눈빛이다. 빛은 그의 두 눈에서 출발해 유한한 시간 동안 방을 가로질러 당신의 눈에 도달했다.

　우주의 거리는 너무나 광대하기 때문에 빛이 머나먼 천문학적 광원에서 나와 우리에게 도달하기까지는 빛의 속도가 아무리 빠르다고 해도 상당한 시간이 걸린다. 태양계 밖에 있는 가장 가까운 별에서 나온 빛도 우리에게 오는 데 족히 4년은 걸린다. 천문학의 거리 단위인 '광년light year'이 어디서 유래한 단어인지 이제 알 수 있을 것이다. 광년이란 지구에서 1년 동안 빛이 이동하는 거리로, 약 10조 km와 같다. 따라서 다음과 같은 의미일 수밖에 없다. 우리가 어떤 천체를 '본다see'고 할 때, 다시 말해 우리가 그 천체에서 나온 빛을 관측하고 기록할 때, 우리는 그 빛이 발산된 순간의 천체의 모습을 보는 것이지 지금 이 순간의 모습을 보는 것이 아니다.

우리는 이 사실을 역으로 이용해 과거에 우주가 어땠는지 연구할 수 있다. 가장 먼 곳에 있는, 가장 희미한 천체에서 나온 빛을 검출해 우주의 심연을 관측하면 되는 것이다. 다른 은하에서 출발해 우리에게 도달하는 빛은, 관측 가능한 우주의 역사를 과거 수십억 년까지 볼 수 있는 스냅사진을 제공한다. 우리는 은하의 특성을 거리별로, 더 정확히 말하면 빛이 여행한 시간별로 관측해 우주의 상태를 비교해서 우주가 오랜 시간에 걸쳐 어떻게 진화해왔는지 꿰맞출 수 있다. 여기서 이런 질문이 생긴다. 우리가 볼 수 있는 가장 오래된 빛은 무엇일까?

모두 알다시피 빛의 이동속도는 고정되어 있고, 우주의 나이도 유한하다. 이 사실 때문에 가장 오래된 빛에는 명백한 상한선이 그어진다. 우주가 탄생하기 전부터 오는 광자는 없기 때문이다. 그렇다면 우주가 시작됐을 때 발산된 빛은 볼 수 있을까? 창조의 순간은 볼 수 있을까? 안타깝게도 그렇지 않다. 아니, 그렇지 않다는 쪽에 가깝다.

전자기학적 관점에서는 우주가 탄생하고 나서 38만 년이 될 때까지 우주를 선명하게 볼 수 없다. 이는 우주 내부 물질의 열역학적 특성과 우주가 탄생한 뒤 수십만 년 이내에 우주 곳곳에 퍼진 전자기복사와 물질의 상호작용 때문이다. 다행히 이 시기에 우주는 우리가 현재 관측할 수 있는 특징을 당시 발산된 전자기복사에 새겨놓았다. 이는 우주가 '뜨거운' 빅뱅에서 시작됐다는 중요한 증거다.

뜨거운 빅뱅은 한 점(관측 가능한 우주 안의 내용물 전체가 상상할 수 없이 밀도가 높은 공간, 혹은 '특이점singularity'으로 압축된 때)에서 모든 공간과 시간이 어떤 과정을 거쳐 시작됐는지 설명해준다. 이 특이점에는 지금 여러분과 나는 물론, 모든 별과 멀리 있는 모든 은하, 은하들 사이의 모든 것을 구성하는 것이 모조리 담겨 있었다. 간단히 말하면 이 모든 것이 한곳에서, 오늘날 우리가 사는, 크기를 가늠할 수 없이 광대한 우주가 될 가능성을 품은 채 들끓고 있었다. 이러저러한 형태로 우리 몸을 이루는 물질이 우주 전체의 다른 모든 것과 함께, 한때는 동일한 좁은 우주 공간, 우주의 씨앗 속에 있었다고 생각하면 놀라지 않을 수 없다. 이 씨앗은 약 140억 년 전, 폭발하듯 급속히 팽창했다. 미리 존재하던 어떤 공간에서 텅 빈 캔버스에 물질과 에너지가 쏟아지듯 이 폭발이 일어났다고 생각하고 싶어진다. 하지만 시간과 공간도 이 사건에서 생겨난 것이다. 우주에 담긴 물질과 에너지는 이 팽창하는 틀 안에서 퍼져 나갔으며, 이 우주의 틀은 오늘날까지 팽창하고 있다. '폭발'은 모든 곳에서 일어났다.

우주 팽창의 최초 증거 중 하나는 1920년대 에드윈 허블Edwin Hubble(1889~1953)이 발견했다. 그는 당시 '나선형 성운spiral nebulae'에서 관측된 별들에 베스토 슬라이퍼Vesto Slipher(1875~1969)가 분광 관측한 동일한 별들의 '후퇴속도recession velocity'를 결합하는 연구를 하고 있었다. 허블이 관측한 별에는 세페이드 변광성Cepheid variables이라는 유형도 있었다.

세페이드 변광성은 밝기가 일정한 주기로 커졌다 작아졌다 하는 별이다. 이 별은 며칠 혹은 몇 주에 걸쳐 물리적으로 팽창하고 수축한다. 이 과정에서 별의 대기가 주기적으로 광자에 대해 거의 투명해지면서 빛의 탈출을 허용한다. 그물로 만든 가방에 모래가 가득하다고 생각해보라. 그물을 잡아 늘이면 구멍이 점점 커지고, 모래알이 더 많이 빠져나올 것이다. 그물이 원래대로 오그라들면 모래의 흐름도 느려질 것이다. 이보다 앞서 헨리에타 스완 리비트Henrietta Swan Leavitt(1868~1921)는 세페이드 변광성의 밝기에서 나타나는 규칙적인 변광 주기와 원래의 밝기가 밀접하게 연관됨을 보였다. 이 관계는 '리비트의 법칙Leavitt's Law'으로도 알려졌다. 이 법칙은 매우 중요하다. 관측된 밝기와 별개로 광원의 광도(전구의 W〔와트〕로 생각하면 된다)를 독립적으로 측정할 수 있다면, 관측된 밝기는 그 별의 원래 밝기에 비례하고 그 별까지 거리의 제곱에 반비례해야 한다는 사실을 이용해서 그 광원이 얼마나 멀리 있는지 파악할 수 있기 때문이다. 세페이드 변광성은 허블이 리비트의 법칙에 따라 나선형 성운까지 거리를 측정하는 데 사용한 주요 수단이다.

슬라이퍼는 우주의 팽창을 발견하는 데 핵심적인 역할을 한 인물이지만, 안타깝게도 리비트와 마찬가지로 허블만큼 공을 인정받지 못하고 있다. 슬라이퍼는 다양한 나선형 성운의 스펙트럼을 면밀하게 관측했고, 덕분에 빛을 에너지에 따라 쪼갤 수 있었다. 햇빛을 프리즘을 통해 분산하는 것과 같은 원리다. 스펙트럼은 알록달록한 무지개 이상의 정보를 드러낸다. 좁고 뾰족하게 튀어나온 밝은 부분과 골이 파인 어두운 부분이 여러 개 찍혀 있어서 흡사 바코드처럼 보인다. 밝고 어두운 부분은 각각 특정 에너지의 광자가 특정 원소에 따라 선택적으로 방출되거나 흡수돼서 만들어진 것이다. 예를 들어 산소 원자를 포함한 기체 구름은 가까운 별에서 발산되는 복사에 의해 이온화될 수 있는데, 산소 이온은 주파수가 특정한 빛(즉 복사)을 발생시키며 이는 스펙트럼에서 그 특정 주파수에서 강도가 급등하는 '방출선'으로 나타난다. 여러분도 인지하지 못했겠지만 이 현상을 접한 적이 있다. 바로 특유의 노란빛을 내는 나트륨 가로등에서다. 이 평범한 가로등이 노란색을 내는 것은 약 590nm 파장의 광자를 방출하는 나트륨 이온이 들어 있기 때문이다. 이는 스펙트럼이 넓은 광원은 아니다. 우리는 실험이나 원자 이론을 통해 여러 원소에서, 원소가 다양한 이온화 상태에서 방출되는 빛의 파장(선호도에 따라 주파수라고 표현해도 좋다)이 얼마인지 알고 있다. 따라서 멀리 떨어져 있는 천문학적 광원의 스펙트럼을 측정하면 우리는 예컨대 어느 방출선이 산소에서 비롯했고, 어느 방출선이 네온에서 비롯했는지 판단할 수 있다. 그렇다면 우리는 이 정보에서 '후퇴속도'를 어떻게 측정할까?

후퇴속도란 허블이 이용한 나선형 성운 같은 천체에서 보이는 스펙트럼의 특징(예를 들면 방출선)이 '지상 실험실'에서 예측되는 파장의 위치에서 이동된 곳에서 관측되는 것을 말한다. 바코드가 파장의 눈금을 따라 앞이나 뒤로 이동한 것과 비슷하다. 파장이 예측 값보다 길어진 경우를 '적색이동redshift', 파장이 예측 값보다 짧아진 경우를 '청색이동blueshift'이라고 한다.

이런 현상이 생기는 원인은 빠르게 지나가는 경찰차 사이렌의 음높이에서 나타나는 '도플러효과'의 원인과 유사하다. 사이렌은 특유의 파장으로 음파를 발생시키는데, 그 음높이는 파장에 따라 결정된다. 하지만 파동의 발생 지점

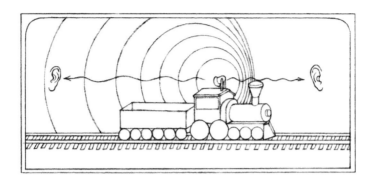

도플러효과
—

도플러이동(Doppler Shift)은 파원이 관찰자에게서 멀어지거나 가까워질 때 파장이 늘어나거나 줄어드는(동등한 의미로 주파수가 감소하거나 증가하는) 현상이다.

이 우리 쪽으로 다가올수록 **우리** 귀에서 감지되는 음파의 마루와 마루, 골과 골의 거리는 점점 줄어든다(음이 높아진다). 사이렌이 또 다른 음파를 방출할 때까지 걸리는 시간 동안 경찰차가 우리 쪽으로 약간 이동하면서 바로 전에 방출한 파동의 파면을 따라잡았기 때문이다. 경찰차가 우리에게서 멀어지는 경우, 이와 반대 현상이 나타난다. 음파의 마루와 마루의 거리(파장)가 벌어지고 사이렌의 음높이는 낮은 쪽으로 이동한다. 다른 방식으로 생각해보면, 연이은 파면이 우리 귀에 도달하는 데 걸리는 시간(주파수)은 갈수록 느려진다. 우리 관점에서 볼 때, 자동차가 멀어지면 자동차가 정지해 있는 경우보다 파장과 파장의 거리가 벌어지기 때문이다. 전자기파에서도 똑같은 일이 일어난다. 속도가 훨씬 더 높은 경향 때문에 그 현상이 눈에 띄지 않을 뿐이다. 따라서 청색이동은 우리에게 다가오는 물체와 관련한 현상이고, 적색이동은 우리에게서 멀어지거나 후퇴하는 물체와 관련한 현상이다. 얼마나 이동하는지 그 크기는 당신이 속한 기준 좌표계frame of reference의 속도로 변환할 수 있다.

　허블은 세페이드 변광성에서 여타 천체까지 거리 측정 값과 슬라이퍼의 스펙트럼에서 측정된 속도를 종합해 나선형 성운(지금은 은하라고 부른다)이 전체적으로 적색이동 했음을, 즉 우리에게서 멀어지고 있음을 밝혔다. 그 결과에 따르면 멀리 있는 은하일수록 가까운 은하보다 빨리 멀어지는 것처럼 보인다. 후퇴속도와 거리의 관계는 허블의 법칙이라 부르는 선형적 관계에 잘 들어맞는다.[2] 허블의 법칙은 상수로 된 계수가 있다는 것이 특징인데, 주어진 거리에 이 계수를 곱하면 후퇴속도가 나온다. 이 상수를 허블 상수라고 한다.

허블이 1929년에 발표한 논문에는 이 상수를 명시적으로 설명하지 않았지만, 오늘날 우주의 팽창을 처음으로 분명히 보여준 실험적 증거로 간주된다. 우주의 역사가 기록된 비디오테이프를 뒤로 감아 우주가 팽창하는 모습을 거꾸로 돌려 본다면 모든 은하가 공간상 공통된 지점에서 시작됐을 수도 있다는 생각이 들 것이다. 다시 말해 현재 서로 멀어지고 있는 천체들이 한때는 지금보다 가까이 있었던 게 분명하다. 하지만 우주가 모든 것을 아우르는 어마어마한 폭발에서 생겨났다는 발상은 수십 년이 지나고야 비로소 하나의 모형으로 받아들여졌다. 그렇게 기이한 생각

---

[2] 기준이 되는 은하보다 2배 멀리 떨어진 은하는 기준 은하보다 2배 빨리 멀어지고, 5배 멀리 떨어진 은하는 5배 빨리 멀어진다.—옮긴이

을 주장하기 위해서는 더 많은 증거가 필요했다. 이 주장은 중요한 예측을 내놓았는데, 과거 우주 내부의 물질들이 서로 더 가까이 있어서 우주의 밀도가 훨씬 높았다면 초기 우주는 훨씬 더 뜨거웠을 것이라는 예측이다.

1940~1950년대에 우주론 학자들은 뜨거운 빅뱅에서 기인한 '원시relic' 복사를 관측할 가능성에 대한 이론을 세우고 있었다. 우주가 특이점에서 갑자기, 자연적으로 폭발했다는 발상은 당시 새롭고 혁명적인 생각이었다. 하지만 더 중요한 점은 허블을 비롯한 과학자들이 이전 수십 년 동안 연구했음에도 확고한 실험적 증거가 부족했다는 것이다. 당시 지배적인 우주론 시나리오는 정적인 우주론 모형 Steady State Model이었다. 이 모형은 우주가 항상 존재해왔다고 단정하고, 은하들이 서로 멀어지면서 그 사이 생긴 공간에 새로운 물질이 생성됐다고 상정함으로써 허블의 관측을 설명했다. '빅뱅big bang'이라는 용어는 이즈음에 우주론 학자이자 정적 우주론의 대표적인 옹호자 프레드 호일Fred Hoyle(1915~2001)의 조롱 섞인 말이 굳어진 것이다.

정적 우주론에는 다음과 같은 아킬레스건이 있었다. 뜨거운 빅뱅론의 주요 예측 가운데 하나는 폭발(더 나은 단어가 없다) 직후 몇 분 동안 방출된 원시 복사를 오늘날 전자기 스펙트럼의 마이크로파 대역에서, 우리를 둘러싼 주변 '배경'으로 아직 검출할 가능성이 있다는 것이다. 이 우주의 배경을 발견할 수 있다면 빅뱅의 유력한 증거이자 정적 우주론의 종말을 알리는 전조가 될 터였다.

그것은 실제로 검출됐다. 이 배경 빛은 순전히 행복한 우연으로 처음 관측된 것으로 유명하다. 1960년대 중반, 뉴저지주 홀름델에 있는 벨연구소에서 일하던 아노 펜지어스Arno Penzias(1933~)와 로버트 윌슨Robert Wilson(1936~)은 뿔 안테나라는 장비로 관측하고 있었다. 이름에 걸맞게 거대한 뿔(혹은 나팔) 모양인 이 안테나는 전파를 감지하기 위해 고안된 커다란 청음 장치다. 펜지어스와 윌슨은 기구위성인 '에코 풍선echo balloons'에서 반사된 전파를 측정하는 실용적인 연구를 하고 있었다. 이 풍선 위성은 고도 약 1000km까지 올라가 전파를 반사할 수 있어, 위성통신을 향한 첫걸음 중 하나였다. 전파를 풍선 위성에 반사하면 수평선 너머 어떤 곳에서 그 반사된 전파를 수신할 수 있을 것이라는 발상이었다.

이 계획이 제대로 작동하려면 일반 방송에서 사용하는, 알려진 전파를 제거하고 주변의 '열'잡음thermal noise을 최소화하기 위해 기기를 냉각해서 원하는 신호를 '오염하는' 잡신호의 원천을 모두 제거하는 것이 필수적이었다. 그런데 아무리 노력해도 잡음이 나타났다. 이 잡음은 시간이나 계

절과 무관하게 나타났고, 뿔 안테나가 어느 방향을 향하든지 존재했다. 안테나에서 '흰색 유전체(비둘기 배설물)'까지 제거했지만 도움이 되지 않았다. 수수께끼 같은 신호는 여전히 남아 있었다. 이 악당 같은 신호의 주파수는 약 4GHz(기가헤르츠)로, 전자기 스펙트럼에서 마이크로파 대역에 가까웠다.

펜지어스와 윌슨이 인근 프린스턴대학교의 이론가들에게 이 이야기를 했을 때, 두 사람은 자신이 우연히 발견한 이 배경 '잡음'이 무엇을 암시하는지 곧 깨달았다. 이들은 1965년 《천체물리학 저널The Astrophysical Journal》에 〈4,080Mc/s에서 과다 측정된 안테나 온도A Measurement of Excess Antenna Temperature at 4,080 Mc/s〉라는 논문을 발표했다. 펜지어스와 윌슨이 측정한 온도는 3.5K(약 -270℃), 오차는 약 1K다. 동시에 로버트 디키Robert Dicke(1916~1997)가 이끄는 이론가 그룹이 이와 짝이 되는 논문을 써서 펜지어스와 윌슨이 발견한 안테나 온도의 초과 값이 실제로는 우주배경복사cosmic microwave background, 즉 빅뱅에서 원시 복사라는 해석을 뒷받침하는 이론을 설명했다. 우주론 역사에서 중요한 기점이 된 순간이었다. 펜지어스와 윌슨은 1978년 노벨 물리학상을 수상했다.

천체물리학에서 대다수 복사의 원천이 그렇듯 우주배경

복사(줄여서 CMB라고 부른다)를 구성하는 광자의 에너지가 모두 같지는 않다. 하지만 그들 특유의 에너지 분포 혹은 에너지 스펙트럼이 있다. 햇빛이 분산되어 무지개를 만들 때 보이는 다양한 색깔은 광자의 에너지 분포를 드러낸다. 광자의 에너지가 광자의 주파수에 정비례하기 때문이다. 슬라이퍼가 은하의 스펙트럼을 가시광선 대역에서 측정했듯이, 스펙트럼의 다른 대역에서 작동하는 검출기도 만들 수 있다. 그러면 광원이 무엇인지에 따라 전파 스펙트럼이나 X선 스펙트럼, 적외선 스펙트럼, 여타 대역의 스펙트럼도 측정이 가능하다.

CMB 스펙트럼이 우주 배경 탐사선Cosmic Background Explorer, COBE('코비'라고 발음한다)에 탑재된 원적외선 절대 분광기 Far Infrared Absolute Spectrophotometer로 처음 제대로 측정됐을 때, CMB 스펙트럼은 거의 완벽한 '흑체black-body' 복사 곡선을 따르는 것으로 나타났다. 이 곡선은 약간 한쪽으로 치우친 종 모양으로, 어떤 주파수에서 특유의 정점을 보인다. 우리는 이 곡선을 접한 적이 있다. 수학적으로는 플랑크 함수로 표현되는 곡선이다.

개념적으로 흑체란 우리가 〈빛이란 무엇인가?〉에서 살펴본 가열된 공동처럼, 입사되는 전자기에너지를 모두 흡수하는 물체다. 열평형(모든 곳에서 열에너지 혹은 온도가 정적인 상태steady state에 이르렀다는 뜻)을 이루는 물체나 입자의 집단은 흑체 스펙트럼의 고유한 특징을 보이는 복사를 다시 방출할 것이다. 스펙트럼이 정점을 찍는 주파수 혹은 광자 에너지는 오로지 물체의 온도에 따라 결정된다. 온도가 올라가면 정점은 높은 주파수 쪽으로 이동하고, 온도가 내려가면 낮은 주파수 쪽으로 이동한다. 금속 막대가 달궈지는 과정을 생각해보라. 처음에는 칙칙한 붉은색으로 빛나다가 밝은 오렌지색과 노란색을 거쳐, 정말 뜨거워지면 마침내 청백색으로 변한다. 달궈진 금속 막대에서 발하는 빛의 색깔은 막대 속 입자의 내부 에너지와 관련이 있다. 더 많은 열에너지가 계system에 들어올수록 입자는 요동치고, 더 주파수가 높은 광자를 방출한다. 따라서 흑체와 같은 행동을 보이는 물체의 스펙트럼을 측정해서 복사 강도가 정점을 찍는 주파수를 알아내면, 그 물체의 온도를 정확히 측정할 수 있다. 이것은 그 물체가 우주 전체일 때도 적용된다.

자연에는 완벽한 흑체인 물체가 거의 존재하지 않는다. 물론 흑체와 비슷한 특성을 보이는 물체가 있지만, 보통은 스펙트럼이 이상적인 이론 곡선에서 약간씩 벗어난다. 하지만 밝혀진 바에 따르면 CMB는 자연에 존재하는 가장 완벽한 흑체복사의 방출원이며, 스펙트럼도 플랑크 함수와 거의 정확하게 들어맞는다. CMB 스펙트럼은 주파수가 약 160GHz일 때 정점이 나타난다. 이것을 온도로 변환하면 2.7K보다 약간 높은 값을 얻는데, 이는 펜지어스와 윌슨이 처음 측정한 값에서 오차 범위에 있다. 이것이 오늘날의 우주의 배경 온도라고 생각하면 된다.

우주가 3K보다 약간 낮다니 매우 차갑다고 느껴질 것이다. 그 이유는 우리가 오늘날 측정하는 것이 실제로 CMB가 방출됐을 당시 우주의 온도가 아니기 때문이다. 더 정확히 말하면 우리는 우주가 거의 140억 년 동안 냉각된 후에도 여전히 남아 있는 배경 복사를 검출하고 있다. 이제 우주는 창조 때의 불이 다 타고 남은 잔광일 뿐이다.

빅뱅 직후와 그 후 수십만 년 동안 우주는 뜨거운 혼돈이라고 표현할 수밖에 없는 상태였다. 팽창이 계속됐음에도 우주 내부의 보통 물질은 수십만 년 동안 완전히 이온화됐다. 전자가 양성자와 결합하지 않은 것은 그들의 열에너지가 정전기적 '결합에너지'보다 훨씬 컸기 때문이다. 이는 우주가 자유롭게 돌아다니는 양성자와 전자로 구성된 밀도 높은 수프로 가득 차 있었다는 뜻이다. 양성자와 전자 사이사이에는 광자가 있었다. 전자기복사, 빛이다. 광자는 폭발의 불꽃이었다.

우리는 광자가 전자기파를 보는 또 다른 방식이라는 것

을 알고 있다. 전자기파가 전하를 띠는 입자와 상호작용한다는 것도 배웠다. 밀도가 높았던 초기 우주에서는 전자와 양성자와 광자의 평균 거리가 매우 짧아서, 모든 광자가 이리저리 돌아다니려고 해도 얼마 움직이지 못하고 전자와 만났다. 이렇게 만나는 동안 광자와 전자 사이에 전자기적 상호작용이 일어나고, 그 결과 광자는 무작위 방향으로 '산란' 된다. 산란 된 광자는 다시 다른 전자를 만나 산란 되고, 또 다른 전자를 계속 만나면서 산란이 끊임없이 이어진다. 사람들이 붐비는 술집에 들어가 입구에서 바까지 걷는다고 생각해보라. 일직선으로 걷고 싶겠지만 사람이 많아 이리저리 밀리는 바람에 그러기 힘들 것이다. 결국 당신은 삐뚤빼뚤한 경로로 걷게 된다. 초기 우주의 광자가 겪은 일도 이와 비슷하다고 할 수 있다. 전자를 만나 산란 하는 광자는 아주 작은 탄도 입자로 같다고 생각하면 편리하다. 죽 날아가다가 '충돌'하고, 그다음 완전히 다른 방향으로 날아가는 것이다. 실제로는 어떤 일이 일어날까?

진동하는 전자기장의 양자적 발현이 광자였음을 기억해보라. 전자는 전하를 띠는 입자이므로 이 진동하는 전자기장에 반응한다. 즉 진동하는 전자기장 때문에 전자 역시 진동하게 된다. 이렇게 진동하는 전자는 광자를 생성하는데, 이때 광자의 주파수는 전자의 진동주기에 따라 결정된다. 이 광자는 무작위 방향으로 방출된다. 그러니까 전자에게 날아든 광자가 그 전자와 전자기적 상호작용을 하고, 새로운 방향으로 발사되는 것이다(두 광자가 '동일한' 광자인지는 다음 기회에 이야기하자). 산란 이전과 산란 이후의 광자 에너지가 같은 경우를 물리학자 조지프 존 톰슨Joseph John Thomson(1856~1940)의 이름을 따서 톰슨 산란 Thomson scattering이라고 한다. 산란 과정에서 광자와 전자 사이에 에너지 교환이 일어날 수 있는데, 이런 경우는 콤프턴 산란이라고 한다. 아서 콤프턴Arthur Compton(1892~1962)의 이름을 딴 것이다.

우리는 다음 산란이 일어날 때까지 광자가 이동하는 평균 거리를 광자의 진행 특성을 나타내는 방법으로 쓸 수 있다. 물리학에서는 '평균자유행로mean free path'라는 용어를 사용하는데, 이는 물질과 상호작용 하기까지 광자가 자유 공간에서 이동할 수 있는 평균 거리를 뜻한다. 평균자유행로가 짧다면 그 매질은 불투명한 것이다. 이런 경우 광자는 출발점에서 멀리 떨어져 있는 관찰자까지 단숨에 달려가지 못한다. 광자는 산란 될 때마다 직전의 여정에 대한 '기억'은 잃어버린다. 짙은 안개 속에서 당신을 향해 걸어오는 친구를 볼 때가 이와 유사한 상황이다. 친구가 짙은 안개 속에 있을 때는 그가 보이지 않는다. 친구의 몸에 반사되어 나온 광자가 즉시 산란 되고, 공기 중에 떠 있는 수 많은 작은 물방울에 흡수되기 때문이다. 당신과 친구 사이에 놓인 안개 '기둥column'이 길수록 광자가 당신에게 도달할 때까지 부딪혀야 할 물방울도 많아진다.

기둥 밀도가 높을 때는(달리 말해 당신과 친구 사이에 안개가 짙을 때는) 광자가 한 개라도 물방울과 상호작용 하지 않고 안개 속에서 나와 당신 눈까지 도달할 확률이 거의 없다고 할 만큼 작다. 이를 두고 우리는 당신과 친구 사이에 '광학적 깊이'가 깊다고 말한다. 두 사람이 상대방을 향해 걸어서 가까워질수록 안개의 기둥 밀도는 감소하고, 광학적 깊이 역시 감소한다. 광자가 당신 눈에 도달할 때까지 부딪혀야 할 물방울 수도 적어진다. 드디어 일부 광자가 직선 경로를 뚫으면 친구가 보이기 시작할 것이다. 친구가 가까이 올수록 이렇게 될 가능성이 높아진다. 친구의 몸에 반사되어 곧바로 당신 눈으로 향하는 직선 경로로 탈출하는 광자가 점점 더 많아지는 것이다. 그러다가 마침내 친구가 안개 속에서 나타나는 모습이 선명하게 눈에 들어온다.

우리가 별이나 심지어 먼 은하까지 볼 수 있는 것은 우주가 전반적으로 빛에 투명하기 때문이다. 중간에 '안개'가 거의 없다. 다시 말해 멀고도 먼 곳에 있는 어떤 별에서 나온 광자는 '자유 유동free streaming'으로 아마도 수십억 년은

되는 시간 동안 우주를 가로질러 그 먼 거리 내내 거의 아무런 방해도 받지 않고 우리 눈이나 디지털 검출기까지 도달할 수 있다. 하지만 초기 우주에서는 광자가 자유전자의 안개 속에서 끊임없이 산란을 거듭했다. 우주의 광학적 깊이가 극도로 깊어 광자에 투명하지 **않았다**. 그 결과 우리는 적어도 전자기파로는 이 지점 너머를 볼 수 없게 되었다. 원시우주primordial Universe를 볼 수 없도록 우리의 시야를 가로막는 것이 바로 이 안개다.

빅뱅 이후 약 38만 년이 됐을 때 변화가 일어났다. 우주가 팽창하면서 온도가 내려간 것이다. 우주는 오늘날에도 계속 냉각되고 있다. 이는 양성자와 전자의 열에너지가 감소했고, 어느 시점에 이르러서는 전자가 양성자에 붙잡힐 정도로 열에너지가 충분히 감소했다는 뜻이다. 전자는 더 이상 자유롭지 않았고, 처음으로 원자 속에 묶여버렸다. 우주에서 가장 단순하고 가장 흔한 원소는 수소다. 수소는 양성자 한 개와 전자 한 개가 결합해서 중성원자 한 개가 된 것이다. 같은 시기에 중수소, 헬륨, 리튬, 베릴륨 같은 원자도 만들어졌지만, 전체 원소 가운데 수소의 양이 압도적으로 많다.

그리하여 우주는 (우주론적 용어로) '순식간에' 완전히 이온화된 상태에서 중성으로 바뀌는 변화를 겪었다. 광자들은 여전히 어지럽게 돌아다녔지만, 전자가 모두 원자 속에 결합된 상황이라 더 이상 산란은 일어나지 않았다. 이제 광자들이 거의 아무런 방해도 받지 않으며 자유 유동할 수 있게 된 것이다. 우리는 이 사건이 일어난 때를 재결합 시대Epoch of Recombination라고 부른다. 전자가 양성자와 '재결합recombined'해서 중성원자가 된 시기를 뜻한다. 이것은 잘못 붙인, 논란의 여지가 있는 이름이다. 전자는 애당초 양성자와 결합한 적이 없었기 때문이다. 천체물리학자들의 형편없는 명명법은 풍부한 역사를 자랑한다.

평균자유행로가 사실상 무한대가 된 원시우주의 광자는 어떤 방향이든 자기가 마지막으로 향하던 방향 그대로 우주를 가로지르는 비행을 시작했고, 그러는 동안 우주는 그들 주위에서 팽창하고 진화했다. 재결합 이후 수억 년이 지나 최초의 은하들 속에서 최초의 별들이 탄생하기 시작했다. 최초의 별들은 거대한 필라멘트[3]와 은하단 속에 모여 있었다. 어림잡아 80억 년 뒤에 태양계와 지구가 만들어졌다. 그러는 동안에도 재결합 시대에 '풀려난' 광자는 여전

---

[3] 은하나 성간 물질이 실처럼 이어져 빈터(void)들 사이의 경계가 되는 우주 거대 구조.—옮긴이

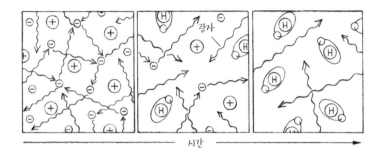

시간

재결합
—

빅뱅 이후 약 40만 년이 지났을 때 그동안 팽창을 계속하던 우주는 자유전자와
양성자가 결합해서 중성 수소를 만들 수 있을 정도로 충분히 냉각됐다. 광자들
은 전자와 끊임없는 산란 때문에 바로 전까지 뜨거운 플라스마 속에 갇혀 있다가
풀려났다. 이 광자들이 우리가 지금 검출하는 우주배경복사다.

히 우주 공간을 가르며 질주하고 있었다. 50억 년 뒤 인류가 진화했고, 마침내 우리를 둘러싼 세상에 질문을 던지기 시작했다. 우리는 빛에 대한 법칙과 망원경을 만드는 법, 하늘이라는 경계 너머 우주에서 쏟아져 내리는 광자를 검출하는 기기를 만드는 법을 알아냈다. 최근에는 여정을 시작한 지 130억 년 이상 된 태곳적의 광자를 검출하기 시작했다. 그것이 현재의 우주배경복사다.

이 광자들이 뜨거운 우주에서 매우 높은 에너지를 지닌 채 여정을 시작했다면 왜 지금 전자기 스펙트럼의 마이크로파 대역에서, 그것도 아주 낮은 에너지에서 그들이 검출되는 것일까? 그 불은 왜 희미해졌을까? 우주를 가로질러 날아가는 광자 하나를 상상해보라. 광자의 여정 내내 우주는 팽창하고 있다. 우주가 어딘가를 향해서 팽창하는 것이 아니다. 줄자에 표시된 눈금 사이가 점점 벌어지는 것처럼 공간의 척도 자체가 확대되는 것이다. 이 말은 멀리 떨어져 있는 은하들과 우주배경복사가 방출된 곳이 우리에게서 멀어지고 있음을 뜻한다. 슬라이퍼가 은하를 분광 관측한 데서 나타났듯이, 이 후퇴 현상은 우리가 관측하는 먼 광원의 빛에 적색이동을 일으킨다. 일종의 도플러이동이라고 생각하면 된다. 전자기복사가 에너지가 낮은 대역으로 이동하는 것이다.

우주에 존재하는 모든 은하마다 관찰자가 있다고 생각해보자. 실제 우주에서는 중력의 작용으로 이웃한 은하들이 서로를 향해 가속하겠지만 당분간은 모두 무시하고, 단순히 우주의 팽창과 함께 우리의 관찰자들이 모두 서로와 멀어지고 있다고 치자. 어떤 은하의 관찰자가 이웃 은하의 스펙트럼을 잰다면, 관찰자 관점에서 나타나는 이웃 은하의 상대적인 후퇴속도 때문에 도플러이동과 일치하는 적색이동을 발견할 것이다.

이제 우리가 가장 가까운 이웃 관찰자와 통신할 수 있고, 그도 이웃한 관찰자와 통신할 수 있고, 그 이웃은 다른 이웃과… 모든 시간과 공간에서 이런 식으로 계속된다고 상상해보자. 통신수단은 간단하다. 이웃 관찰자가 검출한 CMB 스펙트럼을 중계방송하는 것이다. 어떤 메시지가 관찰자에서 관찰자로 사슬처럼 연이어 전달된다고 생각하면 된다. 실제 우주에서 그렇듯이, 광속이 유한하다는 것은 메시지가 사슬을 타고 내려가는 데 어느 정도 시간이 걸린다는 뜻이다. 더욱이 모든 관찰자가 우주 팽창으로 인해 서로 멀어지기 때문에 스펙트럼 중계방송은 다음 사슬로 내려갈 때마다 매번 도플러이동의 영향을 받는다. 그리하여 스펙트럼이 재방송될 때마다 약간씩 적색이동이 생긴다.

은하마다 관찰자를 두지 말고 우주가 관찰자로 가득 차

있다고 상상해보자. 그들은 모두 아주 짧은 거리를 두고 떨어져 있다. 이런 극단적인 경우 이웃한 관찰자들 사이에 생기는 도플러이동의 크기는 아주 작다. 아니 '극미하다'. 하지만 이 모든 작은 적색이동이 팽창하는 우주를 가로지르며 누적돼서 최종적인 '우주론적' 적색이동이 된다. 그렇기 때문에 우리에게서 가장 멀리 떨어진 관찰자가 처음 측정했던 CMB 스펙트럼이 우리가 수신하는 때에 와서는 전자기 스펙트럼의 마이크로파 대역으로 적색이동 된 것이다. 이 광자들은 에너지를 잃어버렸고, 이제는 원래보다 온도가 훨씬 낮은 흑체의 특징이 있다. 메시지가 사슬을 타고 내려가는 시간 동안 우주가 냉각된 것이다.

때로는 전자기파가 팽창하는 우주를 가로지르면서 늘어난다는 식으로 우주론적 적색이동을 단순하게 설명하기도 한다. 나쁜 설명은 아니다. 하지만 이런 설명은 이 책의 크기처럼 국지적인 규모에서조차 모든 공간이 항상 팽창하고 있다는 인상을 준다. 이는 사실이 아니다. 사실 우주 팽창은 전체 우주를 놓고 볼 때의 특성으로 생각해야 한다. 전 우주를 가로질러 흩어져 있는 관찰자들 사이의 극미한 도플러이동이 누적되는 그림이 더 적절한 설명이다. 단 우주 팽창에 따른 우주론적 적색이동을 먼 광원과 관찰자 사이에서 빛이 전체적으로 한 번에 도플러이동 된 것으로 보는 시각은 옳지 않다.

오늘날 배경 복사에너지의 정점이 마이크로파 대역의 주파수까지 내려간 것은 우주가 팽창하고 있고, 우주의 팽창이 우주 공간 속을 여행하는 전자기복사에 영향을 미치기 때문이다. 수십억 년 전, 더 작고 더 밀도가 높고 더 뜨거운 우주에 가상의 문명이 존재했다고 생각해보자. 그들도 흑체 스펙트럼이 있는 복사의 잔재를 검출했을 수 있다. 하지만 그들이 측정한 복사 스펙트럼의 정점은 오늘날 우리가 측정하는 곳보다 높은 주파수에서 나타났을 것이다. 이와 비슷하게 지금부터 수십억 년 뒤의 문명이 우주를 관측한다면 그들은 지금보다 온도가 낮은 배경 복사를 검출하게 될 것이다. 흑체 스펙트럼의 정점은 훨씬 더 많이 적색이동 되어 전자기파 스펙트럼의 전파 대역까지 내려갈 것이다.

우리는 재결합 시대에 CMB 광자들이 뜨거운 플라스마 속에 갇혀 있다가 갑자기 '풀려난' 것으로 생각할 수 있다. 그 이후 광자들은 거의 아무런 방해 없이 우주를 가로지르는 여행을 만끽했다. 이 말은 이 광자들을 검출해서 지도를 그리면 그들이 방출된 환경을 시각화할 수 있다는 뜻이다. 광자들은 매우 신속하게, 그리고 우주의 모든 곳에서 거의 동시에 풀려났기 때문에 우리에게는 우리를 둘러싼 구면의 안쪽에서 방출된 것처럼 나타난다. 실제 우리는 CMB가 방출된 곳을 '최후 산란면Surface of Last Scattering'이라고 부른다. 이는 우리가 볼 수 있는 가장 멀리 떨어진 빛이자, 가장 오래된 빛을 상징한다. 우주배경복사를 지구에서 모든 시선line of sight 방향으로 측정한다면 이 최후 산란면의 지도를 그릴 수 있다. 이제부터 흥미진진해지는 부분이다.

우리는 CMB 온도가 약 2.7K이라는 것을 배웠다. 이 온도는 우리가 어떤 방향으로 향하든 변하지 않는다. 시선 방향으로 온도를 측정하고 나서 방향을 돌려 완전히 반대쪽을 측정해보면 거의 동일한 값을 얻게 된다. 우주배경복사가 관측됐을 때 그 결과는 우주론의 중심 신조인 우주론의 원리Cosmological Principle, 우주의 등방성isotropy을 뒷받침해주었다. 다시 말해 우주는 모든 방향에서 통계적으로 동일하다. 특별히 선호되는 방향도 없고, 빛을 발하는 중심도, 눈여겨봐야 할 곳도 없다.

하지만 나는 어떤 방향을 보든 온도가 **거의** 똑같다고 표현했다. 나중에 밝혀지기를 CMB 온도는 실제로 위치에 따라 조금씩 요동치지만, 그 변동 폭은 매우 작다. 전체 하늘에서 온도 변화는 보통 1/100,000 수준 혹은 수십만 분의 1K 정도다. 이런 요동을 비등방성anisotropy이라고 한다. 비등방성에는 우주의 본질과 오늘날 우리를 둘러싼 하늘에 보이는 모든 우주 구조의 기원에 관한 실마리가 새겨져 있다.

'제대로 된' 최초의 CMB 지도는 1990년대 초 코비가 만들었다. 코비의 임무는 마이크로파 배경 복사를 찾아내는 것이었다. 이 임무를 수행하기 위한 방법 중 하나로 마이크로파 차이 측정기Differential Microwave Radiometer, DMR가 사용됐다. DMR의 역할은 CMB 온도에서 비등방성을 검출하는 것이었다. 비등방성의 존재는 코비를 발사하기 전에 예측됐지만, 그때까지 검출된 적은 없었다. 비등방성을 찾아내기란 쉬운 작업이 아니다. 가장 큰 문제는 우리 은하에서도 CMB 전자기파 스펙트럼과 동일한 대역의 복사를 강하게 내뿜는다는 사실이다. 이 복사는 주로 별빛에 의해 가열된 성간 먼지의 열적 방출thermal emission에서 비롯한다. 그뿐 아니라 태양 주위를 도는 지구의 운동, 우리 은하 내 태양계의 궤도, 게다가 우주 공간에서 우리 은하의 운동까지 CMB 온도 관측에 거대한 왜곡을 일으킨다. 은하의 운동 방향으로는 온도가 더 높은 것으로 측정된다.

CMB 지도를 작성하기 위해서는 '전경foreground' 은하에 의한 복사와 우주 공간에서 우리 은하의 운동 때문에 생겨난 모든 비등방성을 고려해야 한다. 다행히 오랫동안 관측한 경험 덕분에 이런 영향을 대부분 제거할 방법이 개발되어, 우리는 다양한 전경을 벗겨내고 왜곡된 관측 값을 보정할 수 있다. 덕분에 '일차primary' 비등방성이 상세히 드러나게 되었다.

코비는 CMB 온도의 비등방성 지도를 최초로 만들었다. 하지만 망원경의 각 해상도angular resolution(분해능이라고도 한다)가 너무 낮았기 때문에 CMB 온도의 차이를 $10°$ 이상의 각크기로밖에 그릴 수 없었다. 참고로 하늘에 떠 있는 보름달의 지름은 각크기로 약 $0.5°$다. 이는 관측 우주론 분야에서 실로 대단한 성과였다. 빅뱅 이후 수십만 년밖에 지나지 않은 우주의 열역학적·구조적 특징을 찍은 스냅사진인 CMB의 미세한 온도 차를 코비가 전 하늘에서 검출했기 때문이다. 이 획기적인 발견이 너무나 중요했기에 프로젝트를 이끈 천문학자 조지 스무트George Smoot와 존 매더John Mather가 2006년 노벨 물리학상을 수상했다. 노벨상위원회는 코비가 '정밀과학으로서 우주론의 출발점'이 된 프로젝트라고 표현했다.

그들의 말은 사실이었다. 코비 이후 몇몇 탐사에서 점점 더 나은 감도와 분해능으로 CMB를 관측하고 지도를 그렸다. 우주에서 하는 탐사도 있었고 지상에서 하는 탐사도 있었다. 2000년대에는 윌킨슨마이크로파비등방성탐사선Wilkinson Microwave Anisotropy Probe, WMAP이 온도의 비등방성 지도를 업데이트해 코비 때보다 정교하고 자세한 지도를 만들었다. 2010년대 초에는 플랑크Planck 위성이 그보다 선명한 지도를 그려냈다.

그동안 지상에서도 몇몇 CMB 관측이 수행됐다. 그중 칠레 사막에 건설한 아타카마 우주 망원경Atacama Cosmology Telescope과 남극대륙에 세운 남극 망원경South Pole Telescope이 눈에 띈다. 이런 실험은 지구상에서도 매우 건조한 지역에서 행해야 한다(남극대륙은 얼음으로 뒤덮였지만 극히 건조해서 천문학 관측에 훌륭한 장소다). 대기 중에 수증기가 있으면 원적외선과 마이크로파 대역의 광자를 흡수하기 때문이다. 하지만 지상에서는 우주로 쏘아 올리는 망원경보다 훨씬 큰 망원경을 건설할 수 있다. 망원경이 크면 더 높은 감도로 더 상세한 지도를 만들 수 있다. 이렇게 되면 온도의 비등방성을 더 작은 규모까지 측정할 수 있다.

우리는 성공적으로 비등방성 지도를 만들었다. 하지만 **왜** 어떤 방향에서는 우주배경복사의 온도가 약간 더 높고, 어떤 방향에서는 약간 더 낮을까? 그 답은 재결합 시기의 물질 밀도에 있다. 우주 안에서 물질 분포가 완벽하게 균일한 적은 한 번도 없었다. 사실 오늘날은 오히려 멍울진 덩어리처럼 분포되어 있다. 밀도의 양극단에는 은하들로 구성된 거대한 은하단과 어마어마하게 큰 빈터void가 보이고, 우주를 거미집처럼 장식하는 거대한 필라멘트를 따라 줄줄이 이어지는 은하가 관측된다. 이 모든 구조의 기원을 추적하면 재결합 시기에 존재했던 고밀도의 뜨거운 수프까지 거슬러 올라갈 수 있다.

우주는 암흑 물질 입자들이 섞인 양성자와 전자의 플라스마로 가득 차 있었지만, 완전히 균일하지는 않았다. 어떤 곳은 물질 밀도가 평균보다 약간 높았고 어떤 곳은 평균보다 약간 낮았다. 이런 밀도 요동이 생긴 원인은 특이점 자체까지 우주의 역사를 거슬러 올라가야 찾을 수 있을 것이다. 양자 규모의 무작위적 밀도 요동random density perturbation은 빅뱅 직후 '급팽창inflation' 시기 동안 증폭된 것으로 예측된다. 중력은 밀도 요동이 계속 증폭되도록 영향을 끼쳤다. 밀도가 높은 지역은 더 많은 물질을 끌어들여 밀도가 더 높아지고, 덩어리가 계속 커지면 더 많은 물질을 끌어들이는 과정이 반복되는 식이었다. 은하는 물질 밀도가 높은 부분에서 형성되는 경향이 있기 때문에 삼차원 공간에서 '씨앗'이 된 지역의 패턴과 씨앗의 시간에 따른 진화는 은하가 어떻게 형성됐는지 이해하는 데 핵심적인 정보가 된다.

재결합 시대 즈음에 밀도가 평균보다 약간 높은 곳에서 물질이 응집했다. 이 때문에 국지적으로 플라스마가 더 뜨거워졌다. 같은 환경이지만 밀도가 평균보다 약간 낮은 곳에서는 플라스마가 더 희박해지고 더 차가워졌다. 끊임없이 일어나던 산란 때문에 플라스마에 갇힌 광자들은 전자와 열평형을 이뤘다. 이는 광자의 에너지 분포가 전자의 열에너지와 연결된다는 뜻이다. 따라서 밀도가 상대적으로 더 높은 지역, 즉 전자의 열에너지가 더 높은 지역에서는 광자 에너지의 분포가 더 높은 에너지 쪽으로 밀려 올라갔다. 정반대로 밀도가 낮은 지역에서는 광자 에너지의 분포도 더 낮은 에너지 쪽으로 내려갔다.

재결합이 일어나자 산란이 멈추고, 광자들이 플라스마에서 탈출했다. 광자들은 갑자기 풀려났기 때문에 얼마나 됐든 가장 마지막으로 산란 됐을 때 가졌던 에너지를 가지고 우주 전역으로 날아갔다. 고밀도 지역에서 탈출한 광자들은 에너지 분포(흑체 스펙트럼의 형태를 띤다)의 정점이 평균보다 약간 높은 주파수에서 나타나기 때문에 최후 산란면에 뜨거운 자국hot spot을 남겼고, 저밀도 지역에서 탈출한 광자들은 에너지 분포의 정점이 평균보다 약간 낮은 주파수에서 나타나기 때문에 최후 산란면에 차가운 자국cold spot을 남겼다. 재결합 시기에 발생한 원시우주의 밀도 요동의 분포가 CMB 광자의 에너지 분포에 영원히 각인된 셈이다. 130억 년 이상 지난 지금, 우리는 이것을

1/100,000 수준의 온도 비등방성으로 검출한다. 이는 최후 산란면에 뜨겁고 차가운 자국의 얼룩덜룩한 무늬로 남아 사진처럼 시간 속에 얼어붙은 듯 보인다.

우주론에서 우아한 측량 중 하나는 온도 비등방성 '파워 스펙트럼power spectrum'이다. 이는 온도 변이 정도가 천구상의 스케일에 따라 어떻게 분포되는지 통계적으로 표현하는 방법이다. 본래의 밀도 요동은 높은 파도처럼 규모가 큰 것부터 잔물결처럼 규모가 작은 것까지 광범위한 물리적 규모로 생기기 때문에 온도 비등방성은 하늘에 투영된 다양한 각크기에서 관측된다. 이 분포를 측정하는 것은 초기 우주의 특성을 탐사하는 매우 효과적인 방법이며, 여기서 우주의 심오한 비밀을 밝힐 수 있다.

파워 스펙트럼에서 가장 먼저 눈에 띄는 것은 우뚝 솟은 봉우리다. 이는 가장 심한 온도 변이가 특징적인 각크기에서 발생한다는 뜻이다. 이 첫 번째 봉우리 뒤를 따라서 그보다 낮은 봉우리가 이어진다. 각크기가 작아질수록 파워 스펙트럼의 크기가 위아래로 출렁이며 봉우리가 점점 낮아진다. 거리를 알면 천구상의 각크기를 물리적 크기로 변환할 수 있다. 동전을 눈앞에 들고 있을 때 동전의 겉보기 (각)크기를 생각해보라. 동전의 **물리적** 크기는 변하지 않지만, 각크기는 팔을 멀리 뻗을수록 점점 작아진다. 파워

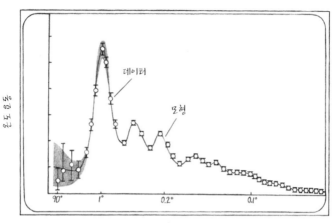

세로축: 온도 변화
데이터
모형
가로축: 90° 1° 0.2° 0.1°
각크기

우주배경복사의 온도 비등방성 파워 스펙트럼
—

파워 스펙트럼에는 하늘의 각크기에 따른 CMB 온도의 미세한 변동의 크기가 요약되어 있다. 관측 데이터를 이용해서 현재 우주론 모형의 파라미터를 결정할 수 있다.

스펙트럼에서 가장 높은 봉우리는 각크기가 약 1°, 대략 보름달 지름의 2배일 때 나타난다.

이 특정한 각크기가 왜 특별한지 묻고 싶을 것이다. 재결합 시기에 우주를 가득 채운 플라스마의 특성에 그 답이 있다. 우리도 알다시피 광자와 전자는 산란이라는 과정을 통해 상호작용 하고 있었다. 이어서 전자는 음전하를 띠기에 양전하를 띠는 더 무거운 양성자와 상호작용 하고 있었다. 두 입자 사이의 '쿨롱Coulomb의 힘' 때문이다. 광자-전자 산란과 전자-양성자 쿨롱 상호작용이 함께 일어나, 광자와 전자, 양성자가 서로 얽혔다. 양성자(그리고 중성자)는 '바리온(중입자)'이라 칭하는 입자로 분류된다. 우주에 존재하는 '보통 물질'의 질량 분포를 대부분 차지하는 게 이 바리온이다. 따라서 초기에 우주를 가득 채운 매질을 흔히 '광자-바리온 유체photon-baryon fluid'라고 부른다.

광자-바리온 유체에는 우주에 상당량이 존재할 것으로 여겨지는 수수께끼의 비중입자non-baryonic, 암흑 물질dark matter이 뒤섞여 있다. 우리가 알기에 암흑 물질이 보통 물질과 상호작용 할 수 있는 유일한 방법은 중력을 통해서다. 암흑 물질은 광자-바리온 유체에서 벌어지는 전자기 상호작용에는 전혀 관심을 보이지 않지만, 주변에 물질이 존재하면 그 형태에 상관없이 관심을 보인다.

물론 중력은 초기 우주의 지형을 만드는 데 중요한 역할을 했지만, 그것이 전부는 아니었다. 원시 플라스마에서 밀도가 약간 높은 한 지역을 생각해보자. 그런 환경에서 질량이 상대적으로 더 많다는 것은 인접한 물질에 중력이 더 강하게 작용한다는 뜻이고, 이는 물질이 계속 안으로 흘러들게 만들어 그 지역의 질량을 더 늘린다는 뜻이다. 중력은 이 물질 덩어리를 수축하게 만들고, 그 결과 밀도가 증가한다. 물을 채울수록 더 깊어지는 특별한 우물이라고 생각하면 된다. 우물이 깊을수록 주변 물질에 작용하는 중력의 인력도 커진다.

　중요한 점은 광자가 바리온과 결합돼서 바리온이 중력에 의해 우물 속으로 끌려 들어갈 때 광자도 끌려 들어간다는 것이다. 중력이 물꼬를 트면 우물 속의 물질이 계속 압축되며 밀도가 점점 증가하고, 더 많은 물질이 우물 속으로 빠져 들어가 결국 걷잡을 수 없는 붕괴를 일으키게 된다. 하지만 광자-바리온 유체가 압축될수록 복사압radiation pressure을 통해 광자에 의한 바깥 방향의 '복원'력이 가해진다. 광자와 전자의 전자기적 상호작용으로 광자가 전자에 압력을 가해 중력 수축 때문에 압축되는 보통 물질을 밀어내는 것이다. 용수철을 누르면 반대 방향으로 복원력이 생기는 것과 비슷하다.

바리온 음파 진동

—

재결합 시대 이전 광자–바리온 유체에서 발생한 바리온 음파 진동. 재결합 이후 이 진동들은 마지막 있던 자리에 얼어붙듯 고정됐고, 오늘날 물질 분포에서 여전히 검출된다.

이 복사압은 중력에 따른 수축을 저지하다가 결과적으로 바리온과 광자를 우물 밖으로 밀어낸다. 하지만 광자와 바리온이 밀려 나가면서 밀도가 작아지는 바람에 그들 사이의 복사압이 감소해, 광자-바리온 유체는 중력 때문에 다시 우물 속으로 빠져든다. 수축한 유체는 다시 복사압이 높아져 광자와 바리온을 밖으로 밀어낸다. 압력이 떨어지고 동일한 순환이 반복된다.

이렇게 두 과정이 힘을 겨루는 과정에서 광자-바리온 유체가 진동할 것임을 알 수 있다. 이때 발생한 광자-바리온 유체의 압력파는 우물에서 밖으로 전파된다. 공기 속에서 음파가 퍼지는 것과 유사하기 때문에 이 현상이 '바리온 음파 진동baryonic acoustic oscillation'으로 알려진 것도 놀라운 일이 아니다. 이 진동은 광자-바리온 유체에서 발생한 구 모양 음파다. 물질 밀도가 약간 높은 동심의 구면들이 자신의 '씨앗'이 되는 지점에서 밖으로 퍼져 나가는 것이다.

음파 진동은 재결합 시점까지만 발생할 수 있다. 복사와 물질의 결합이 깨진 뒤에는 광자들이 줄줄이 빠져나간다. 밀어내는 힘이 없어지면 구면의 음파는 팽창을 멈추고 그 자리에 얼어붙듯 고정된다. 조약돌 하나를 연못에 던지고 얼마 동안 동심원의 잔물결이 퍼져 나가게 두다가 갑자기 연못을 얼어붙게 만드는 것과 약간 비슷하다. 따라서 우주가 맨 처음 시작될 때는 원시 양자 요동이라는 씨앗이 물질 장matter field에 만든 요동뿐만 아니라, 이 본래의 씨앗을 중심으로 한 음파 진동이 일으킨 밀도 요동도 있었다. 우리가 CMB에서 검출하는 이 시기의 광자들은 재결합 때 광자-바리온의 온도에 대한 '기억'이 있다. 그 때문에 음파 진동의 패턴 역시 온도 비등방성 파워 스펙트럼에 암호처럼 새겨져 있다.

음파의 속력이 그것이 전파되는 매질에 따라 결정되는 것과 마찬가지로, 바리온 음파 진동의 진행 속력은 광자-바리온 유체의 속성에 따라 정해진다. 밝혀진 바에 따르면 바리온 음파의 속력은 광속의 반에 가깝다. 빠르지만 유한하다. 유한한 속력과 바리온에서 분리되기 전까지 파동이 이동할 수 있는 유한한 시간을 종합하면 바리온 음파 진동의 물리적 크기의 상한선이 결정된다. 이것을 음파의 지평선acoustic horizon이라 부르며, 그 지름은 약 40만 광년에 달한다. 이 음파의 지평선에서 온도 비등방성 파워 스펙트럼의 가장 큰 봉우리가 비롯됐다. 이 첫 번째 음파 봉우리는 재결합 시대가 되기 전까지 바리온 음파 진동이 발생시킬 수 있는 가장 큰 규모에 해당한다. 얼어붙은 연못에서 가장 멀리 퍼진 물결의 크기인 셈이다.

온도 비등방성 파워 스펙트럼에는 다른 봉우리도 있다.

이것들은 상대적으로 작은(더 작은 물결) 음파 진동을 나타내지만, 진폭이 첫 번째 봉우리에 비해 작고 각크기가 작아질수록 점점 작아진다. 이렇게 진폭이 감소하는 것은 재결합이 일제히 벌어진 일이 아니기 때문이다. 광자 중 일부는 전자가 양성자와 결합하기 시작했을 때도 산란 되고 있었다. 실제로 광자들이 소규모 고밀도 요동에서 산란 되어 나올 수 있었고, 이는 파워 스펙트럼에서 해당 각크기에 대한 음파 진동의 흔적을 뭉개버리는 요인이 됐다.

모든 밀도 요동이 그렇듯, 음파 진동이 남긴 고밀도 구면은 시간이 흐름에 따라 중력에 의해 점점 커졌다. 이런 환경이 되자, 은하가 형성될 가능성이 상대적으로 높아졌다. 은하 형성에 대한 우리의 기본적인 이해는, 암흑 (그리고 보통 바리온) 물질 덩어리에서 형성된 중력 '우물' 속으로 (주로 수소 원자 형태를 한) 바리온이 끌려 들어갔다는 것이다. 기체가 충분히 높은 밀도에 다다르면 폭발해서 별이 되고, 우리가 아는 '은하'가 탄생한다. 재결합 시점에서 바리온 음파 진동의 물리적 크기가 고정되는 바람에 은하가 형성되는 위치에 자연적으로 편향이 생겼다. 밀도가 더 높은 구면에서 은하가 탄생할 확률이 높아진 것이다. 오늘날에도 거대 규모 은하 분포에서 이 흔적을 발견할 수 있을 것으로 예측된다.

슬론 디지털 우주탐사Sloan Digital Sky Survey, SDSS는 별과 은하에 대한 이미지·분광 탐사다. 2005년 SDSS는 상대적으로 가까운 우주에서 5만여 개 은하에 대해 '두 점 상관 함수 two-point correlation function'를 측정했다. 두 점 상관 함수란 간단히 말해서, 은하가 우주에 무작위로 분포됐다고 가정할 때 어떤 간격을 두고 떨어진 은하 쌍의 개수에 비해 실제 관측에서 같은 간격을 두고 떨어진 은하 쌍을 발견할 확률을 여러 간격에 대해 측정한 것이다. 두 점 상관 함수의 전체적인 모양은 오랜 세월 동안 정립된 상태였지만, SDSS는 데이터의 품질이 독보적이라는 강점이 있었다. 상당한 부피의 우주를 관측해서 얻은 은하가 아주 많았기 때문에 상관 함수를 정확하게 계산할 수 있었던 것이다. 슬론 데이터 덕분에 상관 함수 그래프에 재결합 시기에 만들어진 음파의 지평선에 해당하는 각크기에 특유의 미세한 '둔덕'이 드러났다. 이 둔덕은 해당 각크기(두 은하의 거리)에서 은하 쌍을 발견할 확률이 더 높다는 뜻이다. 하지만 음파의 지평선은 재결합 시기와 현재 사이 수십억 년이 지나는 동안 일어난 우주 팽창 때문에 약 5억 광년으로 늘어나 있었다. 놀랍게도 이것은 오늘날 여전히 은하의 분포에 존재하는 원시 바리온 음파 진동의 흔적이다.

이것은 바리온 음파 진동이 한층 더 깊은 우주론적 측량에 사용될 수 있음을 보여주는 멋진 관측 결과였다. 바리온 음파 진동이 우주 팽창의 역사를 우리에게 실제로 알려줄 수 있는 것이다. 진동이 우주의 오랜 역사 내내 지속된다면 바리온 음파 진동의 고정된 물리적 크기를 '표준 척도standard ruler(눈금이 정확하게 매겨진 막대자)'로 사용할 수 있다. 바리온 음파 진동의 겉보기 각크기를 여러 적색이동에서 측정하고, 측정된 척도가 우주 팽창에 의해 얼마나 늘어났는지 비교해보면 우주 팽창의 역사를 추적할 수 있다. 이것은 중요한 관측 데이터로, 우리의 모든 우주론 모형을 제한할 수 있게 해줌으로써 우주 팽창의 정확한 특성을 확실히 예측할 수 있게 해준다.

오직 이 목적을 위한 실험이 여럿 진행되고, 여전히 계획되고 있다. 가장 어려운 도전은 방대한 은하를 관측할 수 있도록 엄청나게 넓은 하늘을 탐사하는 것이다. 이는 바리온 음파 진동을 확실하게 감지하고 그 크기를 정확히 측정하기 위해서 꼭 필요한 일이다. 바리온 음파 진동으로 우주 팽창의 역사를 추적할 가능성은 유클리드Euclid와 같은 대규모 국제 프로젝트로 발전했다. 유클리드는 우주가 수십억 년밖에 안 됐을 때의 은하를 관측하도록 설계된 위성이다. 주요 임무는 (그리고 우주 팽창이 어떻게 전개됐는지 관측하기 위해 만들어진 대다수 실험의 목적은) 우주의 **가속** 팽창에 책임이 있다고 여겨지는 미상의 '암흑 에너지dark energy'의 특성을 밝히는 것이다.

우주 가속 팽창의 증거는 멀리 떨어진 초신성supernovae을 관측한 데서 처음 발견됐다. 초신성의 밝기가 팽창 속도가 일정하거나 감소하는 우주론 모형에서 예측된 밝기보다 희미했던 것이다. 'Ia형'이라는 상상력이 결핍된 이름이 붙은 초신성은 원래 밝기가 알려진 천체로, '표준광원standard candle'으로 분류된다. 세페이드 변광성처럼 어떤 천체의 원래 밝기를 알고 관측된 밝기를 측정하면 역제곱 법칙(거리에 따라서 천체가 얼마나 희미해지는지 알려주는 법칙)을 이용해 그 천체까지 거리를 계산할 수 있다. 아주 멀리 떨어진 은하에서는 세페이드 변광성을 관측할 수 없지만(그러기에는 밝기가 너무 약하다), 초신성은 굉장히 멀리 떨어져 있어도 볼 수 있다.

문제는 별이나 특히 초신성이 꽤 복잡한 천체라는 사실이다. Ia형 초신성을 근거로 한 거리 측정은 다양하고 복잡한 정오차systematic effects의 영향을 받을 수밖에 없다. 이 오차는 신중하게 보정되거나 발생 원인을 알아내야 한다. 솔직히 말하면 우리가 아직 상세하게 이해하지 못하는 초신성의 천체물리학이 많고, 그런 이유로 거리 측정에 오차가 생길 수 있다. 바리온 음파 진동은 단순히 기하학적인 측정을 하면, 즉 하늘에 남겨진 특유의 각크기를 측정하면 우주의 팽창을 추적할 수 있다는 점에서 훨씬 더 명쾌하다 (그래서 이런 의미가 명확히 함축된 '유클리드' 미션이라는 이름이 나왔다).

앞서 이야기했듯 우주배경복사의 광자들은 우주의 유유한 역사 내내 최후 산란면에서 지구상의 망원경과 지구 주위의 망원경까지 거의 아무런 방해도 받지 않고 여행해왔다. 여기서 '거의'가 중요하다. CMB의 발원지 최후 산란면을 전체 우주의 배경조명으로 생각해도 될 것이다. 알고 있겠지만 우리는 텅 빈 우주에 사는 것이 아니다. 우리와 최후 산란면 사이의 공간은 다양한 구조로 가득해서 광자들은 여행 도중 은하, 암흑 물질, 성간 기체 등과 마주친다. 광자들이 이런 우주의 지형 속을 여행하다 보면, 순수하던 원시 CMB 흑체 스펙트럼에 미세한 왜곡의 흔적이 남는다. 다시 말해 CMB 광자가 우리를 향해 오는 과정에서 에너지 분포가 약간 변한다. 이것은 골칫거리가 될 수도 있지만, 우리는 오히려 이 현상을 이용해 두 지점 사이의 공간에서 벌어지는 천체물리학을 상세히 연구할 수 있다.

이런 왜곡 현상을 보여주는 가장 유명한 예는 CMB 광자가 은하단을 통과할 때 생긴다. 은하단은 은하들이 모인 거대한 집단으로, 아마도 수천 개에 달하는 항성계star system가

대략 구형을 이루며 밀집되어 있다. 그 크기는 끝에서 끝까지 수백만 광년은 될 것이다. 은하단은 우주에서 중력으로 결집된 가장 큰 천체이며, 원시 밀도 장에서 밀도가 가장 높은 지점들에서 형성됐다. 은하단 전체에 1000만 K의 플라스마가 잔뜩 퍼져서 플라스마가 은하단의 모든 은하를 집어삼킨 형국이다. 은하단 내 매질intracluster medium이라는 이 뜨거운 대기는 계의 중력 '퍼텐셜potential'에너지에서 열에너지를 얻는다. 기체는 은하 간 공간intergalactic space에서 발생하는데(기체는 은하 내부보다 은하 외부에 훨씬 많이 존재한다), 중력에 의해 은하단으로 끌려 들어간다. 기체는 은하단 쪽으로 가속하면서 뜨거워진다. 너무 뜨거워져서 전자가 양성자에서 분리되고, 매질은 다시 자유전자가 활발히 뛰노는 상태(플라스마)로 돌아간다.

플라스마도 고유의 복사를 방출한다. 고속의 자유전자가 양성자 옆을 지날 때 X선이 방출되는 것이다. 이 과정을 '자유—자유 천이free-free emission'라고 한다. 이 말은 은하단을 수백·수천 개 은하가 모인 고밀도 덩어리로서 발견할 수 있을 뿐 아니라, 뜨거운 은하단 내 매질에서 방출되는 X선 빛을 통해서도 발견할 수 있다는 뜻이다.

우연히 은하단을 통과하는 CMB 광자는 이 플라스마와 겨뤄야 한다. 재결합 시기가 되기 전에 광자가 자유전자에 의해 산란 된 것처럼, 어떤 CMB 광자는 은하단 내 매질 속의 자유전자를 만나 산란 된다. 이 경우 CMB 광자는 자유전자와 충돌하면서 순간적으로 에너지를 얻을 수 있고, 그 과정에서 주파수가 올라간다. 광자의 여행 도중 거대한 은하단을 만나면서 벌어지는 에너지의 이런 갑작스러운 증가는 CMB의 거의 완전무결하던 흑체 스펙트럼에 왜곡을 일으킨다. 은하단 내 매질이 일부 CMB 광자를 더 높은 주파수 대역으로 이동시키는 것이다. 관측에서는 다음과 같이 나타난다. 어떤 주파수 대역으로 관측할 때는 은하단이 있는 위치에서 CMB가 구멍이 난 것처럼 혹은 강도가 떨어진 것처럼 보이고, 다른 주파수 대역으로 관측할 때는 은하단이 있는 위치에서 CMB가 더 밝게 나타날 것이다. 이런 현상을 열 수니예프−젤도비치 효과thermal Sunyaev-Zel'dovich effect라고 한다. 이 현상을 처음 설명한 천체물리학자 라시드 수니예프Rashid Sunyaev와 야콥 젤도비치Yakov Zel'dovich의 이름을 딴 것이다.

수니예프−젤도비치 효과의 특징은 그 효과의 크기가 은하단을 채우는 플라스마 속 전자의 총 압력에 비례하며, 결과적으로 은하단과 암흑 물질, 그 밖의 모든 것을 합한 총 질량과 연관된다는 점이다. 이는 수니예프−젤도비치 효과가 우주배경복사에 남긴 흔적을 관찰하는 것만으로도 우주에서 가장 거대한 천체의 질량을 잴 수 있음을 뜻한다.

우주 공간을 여행하는 모든 CMB 광자에 영향을 미치는 효과가 또 있다. 수니예프-젤도비치 효과처럼 우리는 이 효과를 이용해서 지구와 최후 산란면 사이에 존재하는 물질에 관한 다른 주제도 연구할 수 있다. 이 효과는 이제 막 우주탐사 수단으로 활용할 수 있다는 점에서 매우 흥미롭다. 모두 우리가 오늘날 고해상도 CMB 지도를 제작한 덕분이다. 바로 중력렌즈다.

모두 알다시피 우주는 물질로 가득 차 있고, 질량을 가진 모든 물체는 질량을 가진 다른 물체에 중력을 작용한다. 아이작 뉴턴은 중력이 두 물체 사이에 작용하는 힘으로 물체 각각의 질량을 곱한 값에 비례하고, 두 물체의 거리의 제곱에 반비례한다고 설명했다. 이 뉴턴역학적 설명은 많은 상황에서 별문제 없이 유효하지만, 알베르트 아인슈타인은 이후 이 그림에서 나아가 중력이 어떻게 우주의 기본 캔버스인 시공간의 뒤틀림으로 설명되는지 보여줬다.

이는 나중에 자세히 다루겠지만 요점은 이렇다. 질량이 존재하면 시공간이 왜곡되고, 모든 광자는 시공간상의 길을 따라 여행한다. 광자는 시공간이 왜곡된 대로 궤적을 그리기 때문에, 광자가 은하 같은 물질 덩어리 옆을 지날 때는 경로가 휠 수 있다. 이것이 중력렌즈이며, 광선이 광학 렌즈를 통과할 때 휘는 현상과 유사하다.

최후 산란면에서 출발한 빛은 중간에 존재하는 물질을 모두 거친 뒤 우리에게 도달한다. 따라서 우리가 검출하는 CMB 광자는 모두 중력렌즈의 영향을 어느 정도 받은 상태 다. 멀리 떨어진 풍경을 흠집 있는 유리창을 통해 바라보는 것처럼, 실제로 우리는 우주배경복사를 왜곡 없이 직접 볼 수 없다. 하지만 중력렌즈의 크기를 추정할 수 있다면(광 자의 휜 정도를 추정할 수 있다면) 그것을 이용해 우주 전 역에 대해 물질 분포의 지도를 그릴 수 있다.

놀랍게도 이 작업은 완료됐다. 최근 몇 년 새 CMB 렌즈 지도를 만드는 게 가능해졌다. 중력렌즈는 눈으로 감지하 기에 너무나 미세하므로, 단순히 CMB 온도 지도를 들여 다본다고 왜곡 현상이 보이지는 않는다. 대신 중력렌즈는 미세한 통계적 신호를 남기는데, 이것은 어떤 기발한 데이 터 처리 과정을 통해 복원할 수 있다. 예를 들어 최후 산란 면의 두 지점에서 CMB 광자가 하나씩 방출됐다고 할 때, 두 광자는 동일한 전경 구조foreground structure(예를 들면 은하 단)에 의해 중력렌즈의 영향을 받을 것이다. 이 '상관관계 correlation'는 정교한 필터링 기술을 이용해 뽑아낼 수 있는 모종의 특징을 남긴다. 덕분에 우리는 하늘 전역에 걸쳐 중력렌즈의 크기(결과적으로 CMB 광자의 출발점과 지구 사이에 있는 것들의 질량) 지도를 그릴 수 있다. 이는 마치 유리창 너머 풍경에 대한 정보를 가지고 유리창에 난 흠집의 지도를 그릴 수 있는 것과 비슷한 일이다.

CMB를 왜곡한 중력렌즈 지도는 엄청난 가치가 있다. 광자에 대한 중력렌즈는 우리가 실제 볼 수 있는 가시적인 물질뿐만 아니라 모든 암흑 물질에 의해서도 발생하기 때문이다. 은하는 암흑 물질이 만들어놓은 보이지 않는 틀 속에서 발달했다. 따라서 CMB의 중력렌즈 왜곡 지도와 은하의 관측 결과를 연결하면 은하가 어떻게 형성됐고, (보통은 눈에 보이지 않는) 우주 거대 구조 안에서 어떻게 진화했는지 연구할 수 있는 새로운 길이 열린다.

우리는 겨우 50년 전 처음으로 우주의 화구에서 나온 잔광을 얼핏 감지했고, 이는 우주가 갑자기 쾅bang! 하고 시작됐음을 뒷받침하는 강력한 증거다. 오늘날 CMB 실험은 규모와 정교함, 감도 측면에서 계속해서 진보하고 있다. 우주배경복사를 여러 가지 요소로 쪼개보는 것, 특히 다양한 편광polarization 성분으로 나눠 분석하는 것이 현재 관측천문학 앞에 놓인 도전이다. 우리는 이 작업을 통해 탄생 **직후**의 우주가 어떤 특성이 있었는지 연구할 수 있을 것이다. 편광이란 공간에서 전자기파의 전기장과 자기장이 일관된 방향으로 진동하는 것을 가리키는 말이다. 모든 파동(여러분이 원한다면 광자라고 말해도 좋다)이 같은 방향으로 진동하면 우리는 그 복사가 편광 됐다고 말한다.

'B-모드' 편광은 전기장과 자기장의 진동 방향이 빛의 진행 방향에 45°를 이루는 기하학적 형태를 말한다. B-모드 편광은 재결합 시대 즈음에 광자와 자유전자 사이의 톰슨 산란 때문에 생긴 것이 아니라, 빅뱅 직후로 예상되는 우주의 '인플레이션' 혹은 급팽창이라는 짧은 시기 동안 중력파(말 그대로 시공간의 물결)에 의해 생겼을 것으로 예측된다.

이런 방식으로 편광 된 광자들은 오늘날 검출될 수 있어야 한다. B-모드 편광은 우주가 시작됐을 때 잠깐 있었던 급팽창에 대한 관측적 증거를 제공하며, 우주론 퍼즐에서 중요한 조각을 맞춰줄 것이다. B-모드 신호가 극도로 약한 것으로 예측되어 전자기적 오염의 망망대해에서 그 신호를 신중하게 구해내지 않으면 안 된다는 점이 문제다. 더욱 난처한 점은 B-모드 오염이 다른 원인으로도 발생할 수 있고, 그렇게 되면 그 신호가 원시 중력파primordial gravitational waves 때문에 생긴 B-모드 신호를 뒤덮어버릴 수 있다는 것이다. 하지만 이런 도전은 노력할 만한 가치가 있다. 우주의 거의 전 생애에 걸쳐 빛이 운반한 이 도도한 신호는 틀

림없이 우주 탄생의 역학에 관한 정보를 알려줄 것이다. 우리는 그것을 검출하기 직전에 있다.

FIVE PHOTONS

셋

별빛

별빛

나는 영국 남서부의 끝, 콘월에서 자랐다. 내가 살던 마을
은 시내와 도시 근처의 밤하늘을 압도하는 빛 공해와 거리
가 멀었다. 뒷마당은 넓게 펼쳐진 농지와 마주하고, 지평
선 위로 바다가 보였다. 밤에는 완전히 깜깜해지는 곳이
었다. 서리가 내린 풀밭 위로 상쾌하고 맑은 겨울 밤하늘
에 별이 넘쳐나던 추억이 있다. 나는 정적과 헤아릴 수 없
이 큰 밤하늘의 조합을 가장 좋아했다. 그 둘은 동시에 받
아들일 수 없는 것이었다. 가장 어두운 밤에는 밝은 띠 모
양 은하수가 머리 위에 빛나는 아치를 그리며 하늘에 어떤
구조적인 질서가 있음을 암시했다. 열심히 바라볼수록 많
은 것이 보였다.

무엇이 천체물리학을 직업으로 삼도록 나를 이끌었는지
돌아보면, 별빛이 안내자였음이 확실하다. 마음 깊은 곳에
서 나는 저 반짝이는 작은 점들이 무엇인지, 그저 별이라

는 것 말고 실제로 별이 무엇인지 알고 싶었다. 이 의문은 나를 과학자로서 발견의 여정을 걷도록 이끌었다. 이 여정은 내가 가능하리라 생각한 것보다 훨씬 친밀하게 자연을 이해하도록 해주었다. 하지만 나는 아직 겉만 훑고 있다는 느낌이 든다. 열심히 바라볼수록 많은 것이 보인다.

별 관측은 우주에 대한 인류 최초의 통찰이었다. 지구 전역에서 독립적으로 발생한 여러 고대 문명은 하늘에 대해 기록하기 시작했다. 밝은 별과 그것이 하늘에 만들어내는 모양(별자리와 성군)에 별명이 붙고 신화가 생겼다. 물병자리, 황소자리, 쌍둥이자리, 궁수자리 등 황도12궁을 아는 사람이 얼마나 많은가? 황도12궁은 태양계의 공전궤도면을 나타내는 길이자, 천구를 가로지르는 태양과 태양계 행성의 겉보기 경로인 '황도'가 가로지르는 별자리다.

대다수 별자리는 각각 다른 거리에 있는 별들이 어쩌다가 일렬로 정렬된 것처럼 하늘에 투영되어 우연히 무리를 지은 것으로, 보통 선이나 사각형이나 삼각형의 조합처럼 인간의 눈에 특별히 잘 띄는 모양으로 생겼다. 하지만 우리 눈에 보이는 별 무리 중에는 실제로 물리적 연관성이 있는 것도 있다. 플레이아데스Pleiades성단이 한 예다. 밝은 청색 별들로 구성된 플레이아데스성단은 '일곱 자매', 일본에서는 '스바루'라고 알려졌으며, 황소자리의 뿔 근방에서 찾아볼 수 있다. 성단에서 눈으로 쉽게 보이는 별들은 약 1억 년 전에 형성된 별 무리 중 상대적으로 밝은 구성원이다. 비교하자면 우리 태양계는 그 별들보다 나이가 50배나 많으므로, 우리 은하에 비해서는 신출내기다.

망원경의 도움 없이 보이며, 우리와 태양계 너머 우주를 이어주는 연결 고리는 별뿐이다. 그러나 깜깜한 한밤중에 우리가 육안으로 볼 수 있는 별은 수천수만 개에 불과하고, 대부분 태양계 주위에 있다. 이는 빙산 하나의 일각이 아니라 엄청나게 많은 빙산의 일각이라 할 수 있다. 우리 은하에 별이 수천억 개 있다면, 관측 가능한 우주 안에 존재하는 다른 은하에는 적어도 수천억에서 많게는 수조 개가 있을 것이다.

지금은 우주에 다른 은하들이 존재한다는 것을 알지만, 인류 역사에서 많은 시간 동안 머리 위의 별들이 우주 전체였다. 어떤 모형에서는 별들이 우리를 중심으로 하나 혹은 여러 개의 '천구celestial sphere' 표면에 박혀 있었다. 어떤 모형에서는 별들이 지구를 중심으로 공간 전역에 퍼져 있었다. 17세기 초에 일부 자연철학자와 과학자들이 주장한 적은 있지만, 은하수 혹은 우리 은하가 그 자체로 항성계이며 가장 가까운 상대인 안드로메다자리의 '대은하Great Galaxy'와도 아주 멀리 떨어져 있다는 사실이 실험적으로 밝혀진 것은 20세기 초다. 앞서 별은 육안으로 볼 수 있는, 우리와 태양계 너머 우주의 유일한 연결 고리라고 했지만 꼭 그렇지는 않다. 밤하늘이 칠흑같이 어둡고 여러분의 눈이 예리하다면, 은하수의 별들 사이에서 그 뒤로 숨어 있는 빛의 희미한 얼룩 같은 안드로메다은하를 그런대로 알아볼 수 있을 것이다.

세페이드 변광성이 우리 은하의 가장자리보다 훨씬 먼 곳에 있다는 것은 1920년대 초 에드윈 허블이 안드로메다자리의 '나선형 성운'(당시 이 이름으로 알려졌다) 방향에 있는 세페이드 변광성까지 거리를 측정하면서 밝혀졌다. 허블이 헨리에타 스완 리비트의 세페이드 변광성에 대한 주기-광도 법칙을 적용해 거리를 추정하자, 그 변광성들은 우리 은하에서 가장 멀리 떨어진 별들보다 약 40배나 멀리 있는 것으로 드러났다. 이 관측으로 안드로메다자리의 나선형 성운에 있는 세페이드 변광성은 아주 멀리 떨어진 다른 항성계에 속함이 입증됐다.

이 관측으로 '외부 은하' 천문학이 탄생했다고 생각해도 좋다. 이는 인류가 우주 안에서 자신을 바라보던 방식에 엄청난 변화가 생길 것임을 뜻했다. 고밀도 은하면인 은하수(별과 기체로 가득해서 불투명하다)를 제외하고 아무 방향이나 선택해서 하늘을 바라보라. 우주가 은하로 바글

거리는 모습을 발견할 것이다. 그리고 어떤 은하든 은하의 특징을 가장 명확하게 나타내는 것은 그 은하에 사는 별들일 것이다.

그렇다면 우리는 이런 단순한 질문을 하게 된다. 별빛이란 과연 무엇일까? 가장 먼저 떠오르는 말이 있는데, 어쩌면 당연하게 들릴 수도 있겠다. 그래도 말할 가치가 있다. 우리 인간은 별빛을 **볼** 수 있다. 별이 전자기 스펙트럼에서 가시광선 대역의 복사를 방출한다는 뜻이다. 이는 우연이 아니다. 지구상의 생명체는 우리 태양의 빛을 가득 받으며 진화했다. 대다수 생물은 태양이라는 에너지의 원천 덕분에 성장할 수 있었다. 식물은 광합성 과정에서 햇빛을 이용해 이산화탄소와 물을 포도당과 산소로 바꾸는 방법을 진화시켰다. 대기 중 산소를 대부분 공급한 것이 광합성이고, 지구상의 동물은 산소를 호흡하도록 진화했다. 인간을 포함한 많은 종이 태양에서 가장 많이 방출되는 광자의 에너지 대역과 에너지 대역이 거의 일치하는 전자기복사를 감지할 수 있는 감각기관(눈)을 발달시켰다. 이것은 확실히 생존에 굉장한 이점이었다. 햇빛 일부가 포식자의 몸에 반사되어 눈에 들어가고 뇌에서 이미지로 해독되는 것은, 포식자를 발견할 수 있다는 점에서 매우 유용한 기술이었다. 따라서 우리가 현재 알고 있는 지구상의 대다수 생명체는 빛의 특성과 밀접하게 연관됐다. 예측컨대 다른 행성에 사는 생명체도 그 행성이 어떤 유형의 별을 공전하든, 그 별이 방출하는 복사의 특성에 맞게 진화했을 것이다.

또 어떤 점에 주목해야 할까? 화창한 날에 밖으로 나가면 주위가 다양한 색으로 가득 찬 것이 보인다. 푸른 하늘, 황백색 모래톱, 생기 넘치는 녹색 풀밭, 형광색 낙서, 분홍색과 보라색이 섞인 해돋이, 보는 각도에 따라 색깔이 변하는 잠자리, 지저분한 검은 쓰레기통. 이 모든 색과 무수한 색조는 햇빛 속에 담겨 있다. 이것들이 드러나는 까닭은 태양이 넓은 에너지 스펙트럼 전역에 걸쳐 복사를 방출하기 때문이다. 앞서 살펴보았듯 전자기복사의 에너지를 특징짓는 것은 그 에너지를 지닌 파동 혹은 광자의 주파수다. 다양한 에너지를 가진 파동이 다양한 매질과 상호작용할 때, 파동은 매질의 특성과 빛의 주파수에 따라 각기 다른 방식으로 투과되거나(곧바로 통과한다는 물리학 용어), 흡수되거나, 반사되거나, 산란 된다. 우리 주위에 보이는 엄청나게 다양한 질감과 색깔은 빛과 물질 사이(광자 그리고 물질을 이루는 원자와 분자 사이)에서 벌어지는 양자 규모의 무수한 상호작용이 만들어내는 것이다.

빛이 태양에서 지구까지 오는 경로를 생각해 보자. 햇빛이 태양계 내부에서 약 1억 6000만 km를 가로지르는 8분

남짓한 여정 후 지구에 도달해서 맨 처음 접하는 것은 주로 질소와 산소 분자로 구성된 지구의 대기다. 낮에는 모든 빛이 동일한 곳, 태양에서 나오고 우리는 하늘에서 윤곽이 뚜렷한 독립체인 태양면을 선명하게 볼 수 있다. 그렇다면 왜 낮에는 모든 곳에서 빛이 보일까? 몸을 돌려 태양을 등지고 서보라. 눈앞의 하늘은 여전히 환하고 푸르다. 왜일까?

맑은 날 하늘을 보면 균일하게 파랗다. 대기 중의 분자들이 태양에서 나온 광자들을 산란 시키기 때문이다. 우리는 빛의 산란에 대해 살펴봤다. 광자가 입자들과 만나 무작위로 방향이 바뀌어 다른 경로로 진행하는 상호작용을 뜻한다. 대기 속을 이동하는 햇빛은 특정한 에너지를 가진 광자가 현저하게 많이 산란 된다. 광자의 에너지가 증가할수록(더 푸를수록) 공기 분자에 의해 산란 될 가능성이 높아진다. 햇빛은 산란 때문에 대기를 통과하는 내내 직선 경로로 나아가지 못하고 여기저기서 튕겨진다. 우리 눈으로 이어지는 시선으로 마침내 '탈출'하기까지 광자 하나당 수많은 산란 사건이 일어난다. 대기 중에서 가장 많이 산란되는 광자는 푸른색 광자다. 하늘이 모든 방향에서 푸르게 보이는 것도 이 때문이다. 이 과정은 물리학자 레일리 경Lord Rayleigh(1842~1919)의 이름을 따서 레일리산란이라고 한다.

태양이 뜨고 질 때는 흥미로운 일이 일어난다. 여러분도 알다시피 동이 틀 때와 해 질 무렵의 하늘은 한낮만큼 파랗지 않다. 지평선이 오렌지색과 분홍색, 붉은색의 광휘로 물드는 장관이 펼쳐지기도 한다. 이 색깔들은 가시광선 스펙트럼에서 에너지가 낮은 쪽에 있다. 대기가 지구라는 속이 꽉 찬 구체를 둘러싼 얇은 가스층의 구면 껍질이라고 생각한다면, 우리가 지구 표면에서 각각 다른 방향을 볼 때 두께가 다른 대기의 경로, 혹은 천문학 용어로 '대기량airmass'을 투과해서 본다. 천정天頂을 향해 똑바로 위를 쳐다볼 때는 가장 적은 대기량을 통해 보고, 시선이 지평선에 머무를 때는 대기량이 가장 많은 경우가 될 것이다. 간단히 말해 관찰자의 눈과 대기의 끝 사이에 공기기둥이 더 길게 놓여 있다는 뜻이다. 햇빛이 우리에게 도달하기까지 통과해야 하는 대기가 두꺼울수록 광자가 산란될 가능성은 높아진다. 극단적인 예로, 더 높은 에너지를 가진 더 푸른색에 해당하는 광자는 너무 많이 산란 돼서 실제로는 우리에게 전혀 도달하지 못한다. 상대적으로 파장이 긴 편인 더 붉은 광자들만 통과한다. 노을이 붉은 것은 바로 이 때문이다.

우주 공간에서 '하늘'이 깜깜해 보이는 것은 산란을 일으킬 매질이 없기 때문이다. 물론 태양은 여전히 빛나고, 우주선과 달의 표면 같은 물체에 빛을 내리쬔다. 하지만 상호작용 해서 빛을 산란 시킬 원자나 분자 같은 매질이 없으니, 우주 비행사의 헬멧처럼 어떤 물질이라도 건드리지 않는 한 광자는 우주 공간 속으로 유실된다. 아마도 언젠가는 멀리 떨어진 다른 행성에 사는 관찰자에게 하늘에 떠 있는 희미한 별로 목격될 것이다.

우리가 육안으로 다른 별들을 감지할 수 있다는 사실은 그 별들 역시 가시광선 대역의 전자기복사를 방출한다는 뜻이다. 하지만 조금 더 자세히 보면 별들의 색깔이 모두 같지 않은 것이 눈에 띈다. 언뜻 볼 때는 다 밝은 백색 같지만, 눈이 어둠에 익숙해지도록 기다렸다가 비교적 밝은 별 몇 개를 재빨리 번갈아 보면 색깔에 차이가 있음을 발견할 것이다. 아주 붉게 빛나는 별도 있고 푸른 별도 있다. 노출 시간을 오래 두고 찍은 사진을 보면 그 차이가 확연히 드러난다. 육안으로 별의 색깔을 판별하는 것도 가능하다. 조지 오웰이 쓴 《파리와 런던의 밑바닥 생활Down and Out in Paris and London》에 내가 좋아하는 대목이 있다. 주인공이 거리에서 예술가 보조를 만난다. 보조는 감탄하며 외친다. "여보게, 황소자리의 저 알데바란을 보라고! 색깔을 좀 봐. 꼭 블러드(핏빛) 오렌지 같지 않나!" 별에 색깔이 있다는 것을 한 번도 눈치채지 못했다면 놀라운 일이다. 별의 색깔은 예쁘기만 한 게 아니라 별의 천체물리학에 중요한 단서를 제공한다.

별의 색깔은 왜 모두 다를까? 짧게 답하면 온도 때문이다. 금속 막대를 토치램프로 가열하는 경우를 생각해보라. 막대가 달궈지면 붉은빛을 내기 시작하고 그다음 오렌지빛, 이어서 푸른빛을 낸다. 막대는 가시광선 형태로 전자기복사를 방출한다. 금속 막대 안에는 전하를 띠는 입자(전자)가 셀 수 없이 많고, 이들은 상대적으로 무거운 원자핵과 결합되어 격자 모양으로 배열됐다. 토치램프는 이 모든 입자의 열에너지를 증가시켜 입자를 진동한다.

우리도 알다시피 전하를 띠는 입자가 전기장에 둘러싸인 경우, 입자가 조금이라도 진동하면 전기장도 진동한다. 우리는 전기와 자기의 통합으로 전기장이 진동하면 그에 연관해서 자기장의 진동이 생성되고, 이는 다시 전기장을 진동하며, 이런 식으로 계속된다는 것을 알았다. 이런 진동은 전자기파의 형태로 입자에서 전파된다. 에너지가 증가하면서 입자는 점점 빠르게 진동하고, 복사 주파수도 올라간다. 금속 막대가 달궈지면 칙칙한 붉은색에서 청백색으로 변하며 빛을 발하다가, 금속 안에서 입자를 묶던 결속이 깨질 정도로 열에너지(막대의 온도)가 충분히 높아지면 녹기 시작한다.

금속 막대의 물리학과 별을 연관시켜 보면, 푸른색 별이 붉은색 별보다 온도가 높다고 할 수 있다. 정확히 말하면 여기서 우리가 말하는 온도는 광자가 우주로 방출되는 표면의 온도, 즉 광구光球(별의 표면층)의 온도다. 별이 발산하는 빛의 스펙트럼은 대체로 '흑체' 스펙트럼 형태를 띠는 것이 특징이다. 우리가 우주배경복사에서 다룬 바로 그 흑체다. 별은 우주배경복사와 달리 완전한 흑체와는 한참 거리가 멀다. 부분적인 원인은 별이 매우 복잡하고 어려운 천체이기 때문이지만, 그럼에도 흑체 스펙트럼이 별이 방출하는 빛의 '1차' 근삿값 정도는 된다. 별의 스펙트럼은 에너지 범위가 매우 넓지만 특정 주파수에서 '강도'가 정점을 찍으며, 그 주파수는 별의 온도에 따라 결정된다. 이것이 별의 색깔을 결정한다.

별의 온도는 다양하고, 그렇기 때문에 색깔도 제각각이다. 별이 모두 똑같이 태어나지는 않기 때문이다. 조금 더 자세히 말하면 별은 모두 같은 질량으로 태어나지 않으며, 별의 질량은 별의 특성과 진화를 결정짓는 핵심 요소다.

무작위로 많은 사람들을 골라서 체중을 재보라. 체중을 여러 구간으로 나눠 각 구간에 해당하는 사람의 수를 세고 그 분포를 그려보면, 종 모양 곡선이 나오는 경향이 있다. 이를 '정규분포normal distribution'라고 한다. 이 곡선은 평균 체

중에서 정점을 찍고, 그것을 중심으로 좌우대칭이 되게 퍼지며 양 끝으로 갈수록 차츰 작아진다. 대다수 사람은 표본의 평균 체중에 가깝고, 극도로 저체중이거나 비만인 사람은 아주 적다.

동일한 기체 구름에서 최근 탄생한 별 집단을 골라 질량을 측정해봐도 특징적인 분포를 발견할 수 있을 것이다. 이 경우 종 모양 정규분포가 나타나지는 않는다. 어떤 임계질량(그 밑으로는 별이 존재하지 않는다)까지 질량이 작은 별이 아주 많은 반면, 질량이 엄청나게 큰(예컨대 태양의 10배 이상) 별은 극히 드문 경향을 볼 수 있다. 이런 분포 형태를 별의 초기 질량 함수stellar initial mass function라고 한다. 기체 구름에서 탄생하는 별의 개수를 질량에 따라 표시한 것이다. 초기 질량 함수의 형태, 특히 양극단에서 나타나는 특징을 밝히는 것은 여전히 뜨거운 연구 주제다. 이는 초기 질량 함수(별의 탄생을 결정하는 천체물리학)를 완전히 이해하지 못하기 때문이기도 하다. 은하의 천체물리학을 이해하려면 초기 질량 함수 연구가 필수적이다.

우리는 별의 질량과 별이 에너지를 복사하는 속도(광도) 사이에 밀접한 관계가 있음을 알고 있다. 간단히 말하면 가장 무거운 별들이 가장 밝고, 가벼운 별들이 가장 덜 밝다. 별의 광도, 표면 온도, 반지름 사이에도 연관성이 있다. 우리는 별의 온도가 흑체 스펙트럼 정점의 주파수에 영향을 준다는 것을 알고 있다. 온도가 증가할수록 흑체 스펙트럼의 봉우리는 주파수가 높은 쪽으로 비스듬히 움직인다. 이렇게 되면 복사를 발하는 천체에서 단위 표면 면적당 발산되는 에너지의 총합 역시 증가한다. 그러므로 온도가 높은 흑체일수록 온도가 낮은 흑체보다 많은 에너지를 발산한다.

흑체의 광도와 그것의 물리적 크기, 온도의 관계를 슈테판-볼츠만의 법칙Stefan-Boltzmann's law이라고 한다. 흑체의 총광도가 온도의 네제곱에 비례한다는 법칙이다. 기본적으로 온도가 조금만 올라가도 광도가 크게 증가한다는 뜻이다. 예컨대 온도가 2배 올라가면 광도는 네제곱인 16배로 증가한다. 별의 반지름 역시 주로 질량에 따라 결정된다. 무거운 별일수록 더 크다. 이 모든 것을 종합하면 우리는 다음과 같은 결론에 도달한다. 일반적으로 밝은 별은 질량이 크고 물리적으로도 크고 청색을 띠며, 희미한 별은 질량이 작고 크기도 작고 붉다. 이는 은하를 가득 채우는 별들의 크기와 밝기, 색깔이 제각각 다르다는 뜻이다.

별빛은 실제로 어디서 비롯한 것일까? 별빛은 어떻게 만들어지나? 어림잡자면 별은 표면에서 복사를 방출하는, 크기가 다양하고 단순한 구체라고 할 수 있다. 사실 모든

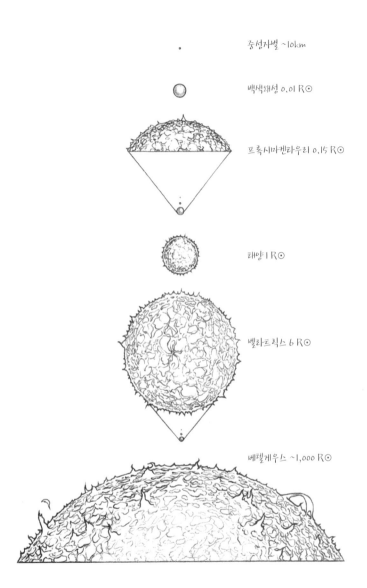

중성자별 ~10km

백색왜성 0.01 R⊙

프록시마켄타우리 0.15 R⊙

태양 1 R⊙

벨라트릭스 6 R⊙

베텔게우스 ~1,000 R⊙

별과 별의 잔해의 비교
—

베텔게우스(725광년)는 적색 초거성으로, 중심핵의 수소를 소진해 크기가 팽창하고 온도가 내려갔다. 이제 짧은 생애의 마지막에 가까이 왔으며, 곧 초신성으로 폭발할 것이다.

벨라트릭스(250광년)는 질량이 태양의 약 9배에 달한다. 태양보다 온도가 높고 밝으며, 오리온자리에서 밝은 청백색으로 보이는 별이다. 밤하늘에서 베텔게우스와 매우 가까이 있다.

태양은 전형적인 주계열성으로 현재 100억 년 정도 되는 수명의 중간쯤 지나고 있다.

프록시마켄타우리(4광년)는 적색 왜성으로, 질량은 태양의 1/10이 약간 넘는다. 질량이 작은 주계열성이며, 표면 온도는 태양의 반 정도로 붉은빛을 띤다.

백색왜성과 중성자별은 별의 수명이 다하고 잔재가 응집된 것이다(밀집성이라고도 한다). 백색왜성은 가장 흔한 별이다. 질량은 태양과 비슷하나, 크기는 지구와 비슷하다. 중성자별은 가장 무거운 축에 속하는 별이 폭발하여 죽은 뒤 남은 것이며, 백색왜성보다 밀도가 높다. 전자와 중성자가 응집하지 못하도록 저지하는 '축퇴압(degeneracy pressure)'이 백색왜성과 중성자별이 중력붕괴 되는 것을 막고 있다. 이는 파울리의 배타원리 결과다.

별은 복잡한 천체물리학적 과정이 깊은 내부에서 진행되는, 뜨거운 기체로 된 공 모양 물체다. 태양의 표면인 광구는 플라스마가 격렬히 들끓는 것으로 그곳에서는 거세게 휘도는 자기장이 일으킨, 지구를 왜소해 보이게 할 만큼 어마어마한 태양 홍염과 플레어가 6,000K이나 되는 표면에서 분출된다. 모든 별에서, 빛은 바로 이 표면에서 빠져나온다(혹은 '빛난다'). 하지만 주요 활동은 별의 중심핵에서 벌어진다. 중심핵에서는 기체의 압력과 온도가 표면보다 훨씬 높다. 중심핵은 별의 동력의 원천인 핵융합이 일어나는 곳이다.

모든 별이 그렇듯 태양은 주로 수소로 구성된 기체 구름에서 탄생했다. 수소는 우주에서 가장 가볍고 가장 많은 원소로, 양성자 한 개와 전자 한 개로 구성된다. 사실상 우주의 모든 수소 원자는 빅뱅 이후 거의 40만 년이 지난 재결합 시대에 전자가 양성자와 결합하며 생겨났다. 수소는 암흑 물질을 제외하고 은하와 은하 안에 있는 모든 보통 '바리온' 물질의 원자재다.

수소 구름 안에서 별이 형성되려면 구름이 부분적으로 응집해 고밀도 덩어리가 만들어져야 한다. 이것은 한 지점에 충분한 질량이 있다면 중력붕괴를 통해 일어날 수 있다. 천체물리학적 공간에서든, 지구에서든 기체 안의 입자들은 정전 결합electrostatic bond으로 묶여 있지 않다. 대신 아주 빠르게 서로의 옆을 휙휙 지나간다. 이 입자 무리에는 내부 운동에너지가 많다. 따라서 기체 안의 입자들이 서로 가까워질 수 있으려면 우선 그들의 운동에너지를 잃어버려야 한다. 수소 구름은 원자와 원자의 충돌을 통해 이 일이 일어날 수 있다. 원자 내부의 전자는 충돌로 인해 순간적으로 에너지를 얻을 수 있는데, 그 에너지는 이후 광자의 형태로 방출된다. 다른 원자가 이 광자를 가로채서 흡수하지 않으면 광자는 에너지를 지닌 채 기체 구름을 뚫고 탈출하고, 그 결과 구름의 온도가 약간 내려간다(입자들의 움직임이 전처럼 빠르지 않다).

이것을 '중력 냉각gravitational cooling'이라고 한다. 다소 역설적으로 들리지만, 별이 점화되려면 기체가 냉각돼야 한다. 수소 원자로 구성된 가스가 충분히 식으면, 원자들이 짝을 지어 자기들끼리 결합해 수소 원자 두 개로 된 수소 분자가 만들어질 수 있다. 결합 반응은 다음과 같은 방식으로 나타난다. 수소 원자 한 개가 자유전자와 결합해 음전하를 띠는 수소이온을 만든다. 이 이온은 또 다른 중성 수소 원자와 결합하는데, 그 과정에서 전자 한 개가 떨어져 나간다. 이렇게 전자 두 개(원자 한 개당 한 개)가 양성자 두 개에 공유되면서 형성된 공유결합으로 수소 원자 두 개를 묶

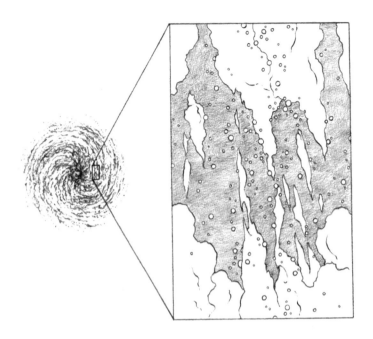

별 형성 지역
—

일반적으로 별은 수소 기체로 이루어진 거대 구름 안에서 형성된다. 우리 은하

같은 은하에서는 이런 구름이 대부분 은하 반원에 흩어져 있는데 주로 나선 팔을

따라 분포되어 있다.

어 수소 분자 한 개를 만든다.

수소 분자는 다른 방식으로도 만들어질 수 있다. 성간 먼지 알갱이 표면에서 더 복잡하지만 더 효율적인 화학반응이 일어나 수소 원자들을 분자로 결합시키는 것이다. 우리 은하 같은 은하에서는 대다수 수소 분자가 은하 원반의 나선 팔을 따라 흩뿌려진 거대 분자 구름giant molecular clouds 안에 쌓이는 경향이 있다. 모든 구름은 기체의 거대한 저수지로서 그 크기는 수백 광년에 달하고, 그 안에는 태양 수백만 개에 맞먹는 질량을 수소 분자의 형태로 담고 있다. 대다수 별은 이런 구름 안에서 탄생한다.

별 형성을 촉진하는 것은 무엇일까? 거대 분자 구름을 자세히 조사해보면 기체의 분포가 완전히 매끄러운 것이 아니라 실 모양과 덩어리도 있음을 발견할 것이다. 이 구름들은 정적이지 않다. 은하의 일반적인 회전 속도로 움직이며 뒤틀리기도 하고, 중심부 주위의 궤도 안에서 갈라지기도 한다. 초신성 폭발로 생기거나, 별 표면에서 일어난 거센 바람에 안팎으로 흔들리기도 한다. 이 모든 것은 난류暖流의 연쇄적인 흐름을 일으켜 구름 전체로 난류를 퍼뜨릴 수 있다. 이때 짙은 연기 속에서 손을 휘저을 때처럼 가늘고 구불구불한 줄무늬로 기체가 약간 밀집된다. 이렇게 만들어진 기체 덩어리 중 일부는 기체의 열에너지 때문에 생긴 국지적 압력이 충분히 크지 않아서, 기체 덩어리의 질량에 의한 중력과 평형을 이룰 수 없는 경우 중력붕괴 될 수 있다. 이 경계에 있는 질량을 '진스 질량Jeans mass'이라고 한다. 물리학자 제임스 진스James Jeans(1877~1946)의 이름을 딴 것이다. 질량이 이 문턱을 넘는 것이 별 형성의 첫 번째 단계다.

기체 덩어리들이 규모가 더 큰 구름에서 분리되고 자체 중력으로 수축하면 밀도가 높아지고, 온도가 다시 한 번 올라가기 시작한다. 하지만 핵융합을 점화하기 위해서는 양성자 두 개(수소 원자의 핵)를 매우 가깝게 갖다놔서 '강한' 핵력이 인력을 발휘해 두 입자를 융합하도록 해야 한다. 핵융합은 광자의 형태로 에너지를 발산한다. 하지만 강한 핵력은 1fm(펨토미터, 10^{-15}m) 혹은 1/1000조 m 정도의 극히 짧은 거리에서 작용한다. 이 거리를 시각적으로 그려보면, 지구와 태양의 거리를 1m라고 할 때 1fm는 0.1mm가 조금 넘는 정도다. 두 양성자를 이처럼 가깝게 놓기 위해서는 양전하를 띠는 두 양성자 사이의 척력을 극복해야 한다는 것이 문제다. 이를 쿨롱 장벽Coulomb barrier이라고 한다. 두 양성자를 갈라놓는 가상의 벽이라고 생각하면 된다.

이 가상의 벽을 넘는 데 필요한 에너지를 계산하려면

입자의 열에너지(입자의 온도와 비례)를 양성자의 반지름에 해당하는 규모(이쯤에서 강한 핵력이 작용하기 시작한다)에서 정전기적 '위치'에너지와 비교해보면 된다. 밝혀진 바에 따르면, 쿨롱 장벽을 극복하는 데(벽을 타고 넘어가는 데) 필요한 온도는 거의 100억 K이나 된다. 현실적인 환경에서 기체가 실제로 이 온도까지 올라가기란 불가능하다. 입자는 그 정도로 높은 열에너지에 도달할 수 없다. 그럼에도 별은 빛을 발한다. 현실에서 핵융합은 어떻게 시작될까?

답은 양자역학에 있다. 알다시피 양자 이론이 정립한 바에 따르면, 전자와 양성자 같은 입자는 파동처럼 행동할 수있고, 전자기파는 광자(즉 입자)처럼 행동할 수 있다. 이것이 파동-입자 이중성이다. 우리는 양성자와 같은 입자를 점처럼 확실한 독립체가 아니라 경계가 불분명한 구름 같은 것으로 생각해볼 수 있다. 구름의 형태와 밀도는 파동함수로 기술되는데, 이는 양성자가 시공간의 특정 지점(엄밀히 말하면 특정 양자 상태)에서 존재할 확률을 나타낸다. 기본적으로 입자는 측정될 때까지 확실히 한곳에 있는 게 아니라 **아마도** 여러 곳에 있다.

양자 규모에서 현실이 확률적이라는 이 특성은 고전적인 '당구공' 물리학이 모든 규모에 적용될 경우 불가능했을 일이 벌어지도록 허용한다. 양성자 두 개가 밀접해지면 그것들의 파동함수가 일부 중첩되어 두 양성자를 갈라놓는 쿨롱 장벽에 구멍이 생길 수 있다. 그래도 쿨롱 장벽이 영향을 주기는 한다. 양성자가 쿨롱 장벽에 접근하면 벽 반대쪽으로는 파동함수의 진폭이 낮아진다. 다시 말해 양성자가 벽 반대쪽에 있을 확률이 낮아지는 것이다. 단 확률이 낮아질 뿐, 0은 아니라는 점이 핵심이다.

이 양자 효과를 마치 양성자가 벽에 터널을 뚫는 것 같다고 해서 '터널링tunnelling(혹은 터널효과tunnel effect)'이라고 부른다. 양성자 두 개가 쿨롱 장벽이 고전물리학적으로 허용하는 거리보다 가깝게 있을 수 있는 확률이 조금 있고, 우리에게 엄청 많은 양성자가 있으면, 어떤 경우에는 강한 핵력이 발동해 두 양성자를 융합하고 그 과정에서 에너지가 방출될 수도 있다. 복권을 산다고 생각해보라. 본인이 당첨될 확률은 지극히 낮지만 보통 매주 당첨자가 나온다. 고전적·비양자적 한도에서 예측된 것보다 훨씬 낮은 온도(그래도 수백만 K이나 되지만)에서 핵융합이 일어나도록 허용해 별의 일생에 시동을 건 것이 바로 이 양자 효과다.

태양 같은 별에서는 핵반응 사이클이 수소를 '연소'하는 중심핵에서 일어나며, 부산물로 헬륨이 만들어진다. 이 과정을 양성자−양성자proton-proton (혹은 'pp') 연쇄반응이라고

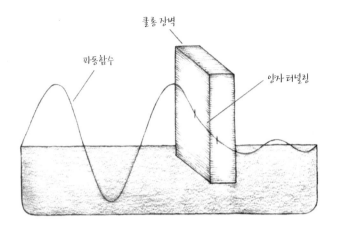

파동함수

쿨롱 장벽

양자 터널링

쿨롱 장벽
—

고전물리학적으로 '쿨롱 장벽'은 두 양성자가 너무 가깝게 있지 못하도록 한다.
양자 터널링은 양성자의 파동함수가 쿨롱 장벽을 통과할 수 있도록 허용하는 효
과로, 고전물리학에서 예측하는 것보다 훨씬 낮은 온도에서 핵융합이 일어날 수
있게 해준다.

한다. 우선 양성자 두 개가 반응을 일으켜 양성자 한 개와 중성자 한 개로 구성된 중수소deuterium를 만들고, 이 과정에서 양전자positron(전자의 반입자로 양전하를 띤다)와 중성미자neutrino라는 입자가 방출된다. 그다음 또 다른 양성자가 중수소와 결합해 헬륨의 '동위원소isotope'이자 양성자 두 개와 중성자 한 개로 구성된 헬륨-3을 만든다(동위원소는 원자의 변형으로 중성자 수가 원래 원소와 다르다). 이 단계에서 에너지가 광자 형태로 방출된다. 이후 헬륨-3 두 개가 결합하면서 기본적이고 안정된 헬륨-4가 만들어지고, 양성자 두 개가 방출된다. 이런 순환이 이어진다.

태양보다 무겁고 뜨거운 별에서는 약간 다른 핵반응이 수소 연소를 지배한다. 이번에는 촉매가 이용되며, 탄소-질소-산소 순환carbon-nitrogen-oxygen cycle(혹은 CNO 순환)이라고 부른다. 이 순환 반응은 다음과 같은 방식으로 일어난다. 자유 양성자 한 개가 탄소 핵 한 개와 반응해 질소-13이라는 질소의 동위원소 한 개를 형성하며, 광자 한 개를 방출한다. 질소-13은 불안정하다. 즉 붕괴한다는 뜻이다. 그 과정에서 탄소-13이라는 탄소의 동위원소를 만들고, 양전자와 중성미자를 방출한다. 이후 양성자는 탄소-13과 반응해 기본적이고 안정된 질소 핵을 만들며, 이 과정에서도 광자 한 개를 방출한다. 그다음 또 다른 양성자가 질소

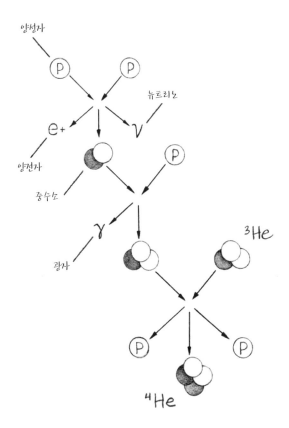

pp 연쇄반응

—

양성자–양성자 연쇄반응은 태양보다 가벼운 별에서 일어나는 핵반응이다. 수소
핵(양성자)이 헬륨으로 융합되고, 광자 형태로 에너지를 방출한다.

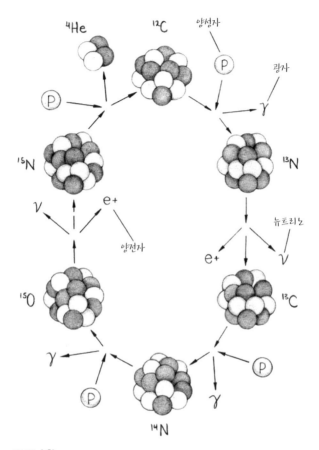

CNO 순환

—

탄소–질소–산소 순환은 태양보다 질량이 큰 별의 중심핵에서 연속적으로 일어나는 핵반응이다. 이 원소들은 수소 연소를 촉진해 헬륨을 형성하고, 그 과정에서 광자 형태로 에너지를 방출한다.

와 반응해 산소-15라는 산소의 동위원소를 형성하고, 역시 광자 하나를 방출한다. 산소-15는 질소-15(질소의 또 다른 동위원소)로 붕괴하면서 또 다른 양전자와 중성미자를 방출한다. 마지막으로 다른 양성자 하나가 질소-15와 반응하여 기본 탄소와 헬륨 핵을 만든다. 이로써 수소가 연소되어 헬륨으로 융합되는 과정이 완성된다. 휴우!

별 중심부에서 일어나는 수소 연소 핵반응의 산물로 광자(에너지)를 생성한다. 모든 광자는 생성되기만 하면 쏜살같이 달아나려고 하지만, 주변 기체와 상호작용 할 수밖에 없다. 그리고 이것은 외부를 향한 복사압으로 작용한다. 동시에 핵융합에서 나오는 에너지는 별을 통해 발산된다. 거대한 별의 질량이 뜨거운 플라스마 형태로 존재하는 까닭이 이 때문이다. 플라스마 내부의 입자도 복사압처럼 바깥 방향으로 열압thermal pressure을 가한다. 복사압과 열압은 중력 수축과 평형을 이룬다. 중력 수축에 대항할 힘이 없다면 별은 급속히 붕괴하고 말 것이다. 따라서 복사압과 열압이 안에서 밖으로 별을 효과적으로 지탱한다고 할 수 있다. 이 평형은 핵반응이 일어나는 동안 지속될 수 있다. 보통은 연료라 할 수 있는 수소가 다 연소될 때까지다.

일반적인 별이 기체를 소비하는 속도는 별의 질량에 달렸다. 가장 무거운 축에 드는 별은 수백만 년 동안 융합을 지속하지만, 가장 가벼운 부류의 별은 수십억 년 동안 살 수 있다. 어쨌든 수소가 연소되는 동안에는 별이 항성진화의 '주계열main sequence'상에 있다고 말한다. 여기서 주계열이란 수소를 연소하는 별의 광도와 온도의 밀접한 관계를 뜻한다.

태양과 비슷한 별의 중심핵에서 수소 연소가 완전히 끝나면 중심핵을 둘러싼 껍질에서 핵반응이 일어나기 시작한다. 별은 이 과정을 거치는 동안 주계열을 벗어나기 시작하며, 물리적으로 크기가 팽창하고 온도도 낮아져서 '적색거성'이 된다. 핵에서 연소되던 수소가 고갈되고 별을 지탱하던 압력도 없어지면 자체 중력에 의해 중심핵이 붕괴되고, 중심부의 밀도와 온도가 갑자기 치솟는다. 결국 열역학적 조건이 갖춰져 별이 주계열성으로 사는 동안 중심부에 축적된 헬륨이 폭발한다. 이를 '헬륨 섬광helium flash'이라고 한다.

헬륨 섬광 반응은 헬륨-4 핵 두 개가 베릴륨이라는 원소하나로 융합되면서 광자 하나를 방출하는 과정을 포함한다. 베릴륨 핵은 이후 다른 헬륨-4 핵과 반응해서 안정된 탄소-12와 광자 한 개를 생성한다. 양성자 두 개와 중성자 두 개가 결합된 헬륨 핵은 '알파입자'라고도 알려져 있다. 그래서 죽어가는 별이 헬륨 재를 태울 수 있게 하는 이 핵반응에 '삼중 알파 과정triple alpha process'이라는 이름이 붙었다.

삼중 알파 과정에서 생성된 탄소 중 일부는 이어 헬륨과 반응해 산소 핵을 만든다. 중심핵이 헬륨을 모두 소진하면 중심핵을 겹겹이 둘러싼 껍질에서도 차례로 헬륨이 연소된다. 이 과정이 막바지에 이르면 별 외곽의 껍질이 성간 매질 속으로 분출되기 시작하고, 기체가 팽창해 넓게 퍼지면서 빛나는 성운을 만든다. 우리 은하 원반에 이런 성운이 곳곳에 흩뿌려진 것을 볼 수 있다. 성운의 중심부에는 탄소와 산소로 구성된 밀도가 높고 작은 구 모양 천체, 백색왜성white dwarf이 남는다.

이 책은 전부 빛에 관한 내용이지만, 별의 핵융합 과정에서 동시에 생성되는 중성미자 이야기를 등한시할 수 없을 것 같다. 중성미자는 극도로 가벼운 입자로, 다른 물질과 상호작용 하는 일이 드물다. 거의 빛의 속도로 움직이며, 자기 앞에 있는 물질이 무엇이든 쉽사리 통과해버린다. 광자와 달리 보통 중성미자는 물질과 상호작용 하는 폐를 끼치지 않는다. 중심핵에서 흘러나와 별 내부를 통과해 멀리 우주 속으로 나아갈 뿐이다. 그렇다면 별에서 생성된 중성미자의 흐름은 밤낮 할 것 없이 언제나 여러분과 나를 통과하고 있다는 결론이 나온다. 지구가 가로막고 있다는 사실조차 문제가 안 된다. 매초 1cm²에 중성미자 수백억 개가 우리를 통과한다. 이 순간에도 10만 개가 넘는 태양 중성미자가 우리 몸에 있다는 뜻이다. 이들은 유령처럼 잠시 우리와 함께 있다가 아무도 모르는 사이에 우리를 통과한 뒤 우주 속으로 사라진다.

중심부에서 핵융합반응으로 생성되는 광자는 우리가 살펴본 방식인 자유전자와 산란을 통해 주변의 항성 물질과 상호작용 한다. 별이 실제로 빛을 내기 위해서는 에너지 (광자)가 별의 중심핵에서 표면까지 확산돼야 한다. 태양과 같은 별의 내부에서 이 일은 주로 복사 확산radiative diffusion이라는 과정을 통해 일어난다.

앞서 우리는 초기 우주의 재결합 시기에 광자의 평균자유행로를 살펴보면서, 광자가 전자와 상호작용 하여 무작위 방향으로 산란 되기 전까지 이동하는 평균 거리에 대해 이야기했다. 별의 중심부에서는 입자 밀도가 너무 높아서 광자의 평균자유행로가 1cm 정도밖에 안 될 정도로 작다. 이는 융합반응으로 갓 생성된 어떤 광자도 중심핵에서 곧바로 표면까지 가서 우주로 탈출하는 별빛이 될 수는 없다는 뜻이다. 광자는 이와 달리 별 내부에서 여기저기 부딪히며 산란 하는 '무작위 행보random walk'를 오랫동안 계속하다가 최종적으로 별의 표면에 이른다. 결코 짧은 산책이 아니다. 광자가 중심핵에서 광구까지 가는 데 1000~1000만 년이 걸릴 수 있다. 숲 한가운데서 길을 잃었는데, 일직선으로 걷다가 나무를 만날 때마다 무작위로 방향을 바꾸며 숲 가장자리로 가는 길을 찾는 것과 비슷하다.

이 확산 과정 덕분에 에너지가 별 중심부에서 바깥층까지 전달된다. 하지만 실제 별빛으로서 탈출하는 광자는 별 내부의 아주 적은 광자뿐이다. 대다수 광자는 광구 밑 뜨거운 플라스마의 거대한 저수지에서 흡수, 재방출, 흡수를 끊임없이 거듭할 뿐이다. 별에서 빠져나오는 데 마침내 성공한 광자들이 넓은 에너지 분포를 나타내는 것은 플라스마 속에서 벌어지는 광자와 하전입자의 이런 상호작용 때문이다. 최후의 산란 직전 플라스마의 열역학적 특성이 CMB 광자에 에너지 범위를 새긴 것과 동일한 방식으로, 플라스마의 열역학적 특성(사실상 별 내부 입자의 속도 분포)은 밖으로 빠져나오는 광자의 에너지에 흑체 스펙트럼을 새겼다. 두 경우 모두 물질과 복사가 열역학적 평형을 이룬 상태에서 광자가 탈출한다.

별이 중심부로 갈수록 점점 뜨거워지고 밀도도 높아지는 거대한 공이라면, 우리 눈에는 왜 태양이 (적어도 언뜻 보기에는) 윤곽이 선명하고 표면이 단단한 구로 보일까? 이를 이해하기 위해서는 광자의 평균자유행로와 빛이 통과하는 매질의 광학적 깊이라는 개념을 돌아봐야 한다. 깊은 중심부에서 생성된 광자는 수많은 산란 사건을 겪으며 1000년 혹은 수백만 년이 될 수도 있는 시간에 걸쳐 태양 표면으로 확산돼 나왔다. 광자가 별 표면에 가까워질수록 기체가 넓게 퍼져 있으므로 평균자유행로(전자와 상호작용과 상호작용 사이에 이동한 평균 거리)는 증가한다. 중심에서 특정한 거리까지 오면 광자는 마지막 산란 사건을 겪게 될 것이다. 이후 평균자유행로는 사실상 무한대가 되고, 광자는 직선으로 탈출한다. 이 일직선 중 일부는 지구까지 이어진다.

별의 경우, 마지막 산란이 일어나는 지점을 중심부터 쟀을 때 거리는 모든 방향에서 동일하다. 그래서 우리 눈에 태양이 둥근 공처럼 보이는 것이다. 우리에게 별의 표면으로 관찰되는 것은 광자가 그들의 '최후 산란면'에서 벗어나는 지점이며, 그 안쪽으로는 광학적 깊이가 너무 깊어 우리가 투과해서 볼 수 없다. 이는 최후 산란면이 우주배경복사를 방출하는 듯 보이는 것과 똑같은 원리임을 여러분도 눈치챘을 것이다.

광자 하나가 별을 벗어나는 데 그토록 오랜 시간이 걸리는데도 태양은 우리 하늘에서 밝게 빛난다. 태양은 낮을 밝혀주고, 우리는 태양의 온기를 느낄 수 있다. 하지만 이것은 태양이 지구에 비해 매우 크고, 우리가 (천문학적으

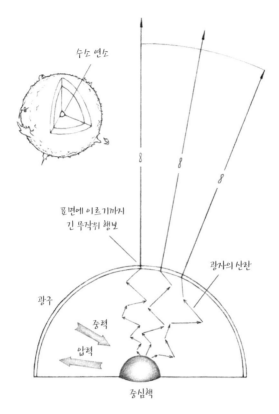

수소 연소

표면에 이르기까지
긴 무작위 행보

광자의 산란

광구

중력

압력

중심핵

별의 단면

—

별은 뜨거운 기체로 된 공이다. 중심핵에서는 수소를 '연소'하여 헬륨을 생성하는 핵융합반응이 일어나고, 그 과정에서 방출된 전자기에너지는 별 내부에서 산란을 거듭하며 표면까지 확산돼 나온다. 열압과 복사압은 기체에 바깥 방향의 힘을 가해 별을 붕괴하려는 중력과 평형을 이룬다. 핵융합반응 중에 생성된 광자가 중심핵에서 표면까지 도달하는 데는 수백만 년이 걸릴 수도 있다. 광자는 수많은 산란 사건을 겪다가 최종적으로 우주 공간으로 탈출하여 별빛이 된다.

로 말해서) 바로 그 옆에 있기 때문이다. 지구에 도달하는 태양에너지의 총량은 $1m^2$에 약 1400W다(정확한 값은 여러분이 적도에서 북쪽이나 남쪽으로 얼마나 떨어져 있느냐에 따라 달라진다). 이를 일사량solar irradiance이라고 한다. 태양에서 비롯된 이 안정된 에너지의 흐름은 지구를 적절히 따뜻하게 유지하고, 약 40억 년에 걸쳐 이런저런 형태로 지구를 장악한 생태계를 지속시키는 데 필요한 빛을 주기에 충분하다. 하지만 햇빛은 우주 속으로 깊이 들어가지 않아도 무의미할 정도로 금방 희미해진다.

태양에서 지구보다 40배나 멀리 떨어져 있는 명왕성에서는 햇빛이 약하다. 그곳에서는 일사량이 $1m^2$에 1W 이하로 떨어진다. 역제곱 법칙이 여지없이 적용되기 때문이다. 빛을 발하는 물체에서 나오는 '플럭스flux', 즉 단위시간(예를 들면 1초) 동안 단위면적(예를 들면 $1m^2$)에서 흘러나오는 에너지의 양은 복사를 방출하는 물체부터 거리의 제곱에 따라 감소한다. 태양이 지구에서 두 번째로 가까운 별인 프록시마켄타우리만큼 떨어져 있다면 지구 표면에 도달하는 일사량은 $1m^2$에 2/1억 W 정도가 될 것이다.

우리 은하에 속한 멀리 떨어진 별부터 지구에 도달하는 에너지의 양은 미미할 것임을 짐작할 수 있다. 여타 은하의 모든 별에서 오는 에너지 역시 거의 무시해도 될 만큼 작다. 하지만 우리는 별을 볼 수 있고, 망원경을 만들어서 그 별들의 빛을 모으고 기록할 수 있다. 그 빛이 우리에게 도달하기까지 시간이 거의 우주의 나이만큼 걸렸는데도 말이다.

우리 태양계 안이든, 우리 은하든, 그보다 훨씬 멀리 있든 광원에 상관없이 우리가 보는 모든 별빛은 시간과 공간 속을 여행한 뒤 마지막으로 통과해야 할 관문과 맞닥뜨린다. 바로 지구의 대기다. 우리의 대기는 원자와 분자로 구성된 층으로, 두께는 수백 km에 달한다. 대기층 맨 위는 대기가 매우 희박하고 우주 공간으로 갈수록 점점 없어지지만, 지상에서는 밀도가 꽤 높아서 우리가 숨 쉴 수 있다. 대기는 정적인 매질도 아니다. 온도와 기압의 차이 때문에 발생한 난류와 기류로 마구 교란된다. 이것이 무슨 뜻인지는 설명하지 않아도 알 것이다. 바람 부는 날 밖에 나가보라. 우리는 하늘이 햇빛을 산란 시킨다는 사실을 알고 있다. 하늘이 우주부터 대기에 도달하는 광자에 미치는 영향은 또 무엇이 있을까?

우선 대기가 모든 빛에 투명하지 않다는 사실에 주목해보자. 고에너지 자외선과 X선 광자는 공기 중의 분자에 즉시 흡수되므로 절대 지상까지 도달하지 못한다. 예를 들어 성층권의 오존(산소 원자 세 개가 결합된 분자)은 파장이 200~300nm인 자외선을 특별히 잘 흡수한다. 'UV-B' 복사로도 알려진 자외선이다. 자외선 빛은 오존이 발생하는 원인이 되기도 한다. 에너지가 맞으면 광자는 산소 두 개가 결합된 일반적인 산소 분자를 쪼갤 수 있고, 분자를 구성하던 산소 원자는 각각 다른 산소 분자와 결합해 오존을 만들 수 있다.

태양스펙트럼의 정점은 가시광선 대역에 있는데도 상당히 많은 자외선을 방출한다. 햇볕에 화상을 당해본 사람은 알겠지만, 고에너지 광자는 세포에 손상을 주기 때문에 오존이 태양자외선을 흡수하는 것은 생물체에 굉장히 이로운 일이다. 고에너지 광자가 우리 세포 안에 있는 DNA 분자와 충돌해서 혹시라도 그것을 파괴하면 유전자 손상을 일으킬 수 있다는 점이 더 심각하다. 손상된 DNA가 잘못 복구되면 생물학적 돌연변이가 생길 수 있고, 암으로 발전할 수도 있다. 1980년대에 오존층에 구멍이 발견된 것이 세계적으로 우려를 자아낸 원인이 바로 이 때문이다. 자외선 복사를 막아주는 지구의 자연 방패에 구멍이 뚫린 것이다. 이 문제는 오존층을 파괴하는 것으로 밝혀진 에어로졸과 여타 물질의 사용을 제한하기 위해 1987년 조인된 몬트리올의정서 덕분에 최근 다소 바로잡혔다.

전자기 스펙트럼의 가시광선 대역에서 붉은색 끝에 있

는 파장이 더 긴 적외선은 대기가 거의 불투명하다. 파장이 수 μ(미크론, 1μ＝1/1,000,000m)인 근적외선 대역에는 대기가 투명한 '창'이 몇 군데 있다. 이 범위의 파장에 해당하는 에너지를 가진 광자는 대기를 통과할 수 있다. 하지만 적외선 복사는 대부분 대기의 물 분자에 쉽게 흡수되고 만다.

스펙트럼의 적외선 대역을 지나 더 낮은 에너지로 가면 대기는 다시 투명해진다. 파장이 약 1mm 혹은 그 이상이 되면 전자기복사는 적외선 대역에서 마이크로파 대역으로, 이어 전파 대역으로 바뀐다. 이런 대역에서는 대다수 광자가 대기를 쉽게 통과한다.

지구 대기가 전자기 스펙트럼의 많은 부분을 차단한다는 사실은 망원경, 특히 자외선과 X선, 적외선 대역에서 운영되는 망원경을 우주로 쏘아 올리는 주요 이유 중 하나다. 간단히 말해서 대기가 광자를 성가시게 굴기 **전에** 광자를 낚으려는 것이다. 지상에서 관측할 경우 이미지의 선명도가 떨어진다는 또 다른 문제점이 있는데, 망원경을 대기 위로 올리면 이 점을 극복하는 데 도움이 된다.

광자는 진공의 자유공간을 가로지르며 근본적인 상한 속도인 빛의 속도로 여행한다. 하지만 우리가 알고 있듯 광자는 매질(진공이 아닌 매질)을 만나면 바로 진행 속도가 느려진다. 우리는 속도의 변화 때문에 파동이나 광자의 방향이 바뀌는 현상이 굴절이라는 것을 알고 있다. 우주에서 우리 대기로 들어오는 모든 빛은 굴절된다.

물속에 잠긴 빨대와 달리, 매질의 구성 성분과 밀도, 압력과 온도가 항상 변한다는 점에서 대기의 상황은 조금 더 복잡하다. 어림잡아 대기는 광자의 진행에 저마다 고유한 영향을 끼치는 다양한 '세포cell'의 집합이라고 볼 수 있다. 빛은 대기를 뚫고 내려오면서 굴절률이 제각각 다른 작은 대기 세포와 무수히 많이 만난다. 외계에서 온 광자가 우리의 망원경에 도달할 때쯤이면 광자의 원래 행로에서 약간 벗어났을 가능성이 높다.

이것이 어떤 결과를 가져올까? 간단하다. 지구 표면에 설치된 망원경으로 만들 수 있는 이미지는 모두 흐릿하게 해서 우리가 성운이나 은하 같은 천체를 식별할 때 정확도를 떨어뜨린다. 이런 효과를 '시상視相'이라고 한다. 시상이 나쁠수록 이미지는 흐릿하다. 관측할 때 거쳐야 하는 대기가 두꺼울수록 이 문제는 심각해진다. 세계 최고의 망원경을 가급적 고도가 높은 곳, 건조한 산맥 위나 고원에 설치하는 이유도 이 때문이다. 되도록 적은 대기층을 통해서 관측하려는 것이다.

허블우주망원경이 놀랍도록 선명하고 상세한 이미지를

만들어내는 것은 크기 때문이 아니라 대기를 통과하지 않은 빛을 집광하기 때문이다. 최고의 지상 망원경에 비교하면 허블은 상당히 작다. 집광 거울이 지름 1.5m에 불과한데, 이는 8m인 초거대망원경Very Large Telescope, VLT이나 10m인 케크망원경Keck telescope에 비하면 미미한 수준이다. 큰 집광 거울은 지상에 만들기가 더 쉽다. 게다가 그런 거울은 너무 크고 무거워서 합리적인 비용으로 우주에 쏘아 올릴 수 없다. 이제 곧 집광 거울 지름이 30~50m나 되는 새로운 세대의 광학 망원경이 만들어지면 현존하는 가장 큰 지상 광학 망원경들은 꼬마 망원경이 될 것이다. 그중 하나는 극초거대망원경Extremely Large Telescope, ELT으로 현재 칠레 아타카마사막에 건설되고 있다.

망원경이 얼마나 크든 가시광선과 근적외선 대역을 관측하는 지상 망원경이 만들 수 있는 이미지의 선명도 혹은 해상도는 지구 대기의 왜곡 효과를 보정하지 않는 한, 언제나 시상에 근본적인 제한을 받을 것이다. 그 때문에 ELT를 비롯해 어떤 망원경은 '적응 제어 광학adaptive optics'이라는 기술을 도입하고 있다. 이 기술을 이용하면 광자가 대기를 통과하는 경로에 발생한 광행차aberration를 상쇄하도록 집광 거울의 표면을 변형할 수 있다. 마치 대기가 없었던 것처럼 이미지를 선명하게 복구해, 허블 같은 우주 망원경의 성과에 비할 만한 결과를 낼 수 있는 것이다.

망원경이 클수록 더 많은 광자를 모을 수 있으므로 더 멀리 관측하는 것이 가능해진다. 다른 별과 은하에서 나와 지구 표면에 도달하는 에너지의 흐름 혹은 '플럭스'가 면적에 비례해서 증가한다는 점을 기억해야 한다. 매초 얼마나 많은 광자가 종이 한 장을 통과할지 생각해보라. 그 종이나 망원경의 거울을 크게 만들면 더 많은 광자를 포획할 수 있을 것이다. 모든 망원경의 주된 목표도 우주를 가로지른 광자를 길고 긴 여행의 끝에서 가로채는 것이다.

광자에게는 여행의 끝이지만, 천문학에서는 실제로 벌어지는 관측 과정이다. 여행의 끝을 맞은 광자는 검출기에 의해 기록되고 디지털 신호로 변환된다. 인간에게는 눈 안쪽에 광수용기photoreceptor라는 특별하게 진화된 신경세포 수백만 개가 몇 세트나 있기 때문에 우리는 광자를 '검출'할 수 있다. 이 신경세포는 수백만 년에 걸친 진화 과정에서 기능이 연마됐다. 광수용기는 광자를 흡수하고(이 역시 궁극적으로 양자역학의 결과다), 세포가 반응을 일으켜 시신경을 통해 뇌로 전달되는 신호를 보내게 할 수 있다. 안타깝게도 우리 눈은 집광 면적이 넓지 못하고, 아주 희미한 천체를 보는 데 필요한 만큼 오랫동안 노출할 수 없다. 하지만 우리 뇌에는 (아니라고 하는 사람도 있겠지만) 가

끔은 못 미더워도 꽤 괜찮은 저장 시스템, '기억'이 있다.

관측천문학 초기에는 관측한 빛을 기록할 쉬운 방법이 없었다. 접안경으로 보고, 본 것을 스케치해야 했다. 멀리 떨어진 물체를 확대한다는 점에서 망원경이 눈을 돕긴 했지만, 긴 노출 시간은 여전히 불가능했다. 사진의 발달은 천문학 분야에서 획기적 사건이었다. 빛을 정확히 기록하고 사진 건판과 필름을 장기간 노출해서, 몇 분 혹은 몇 시간 동안 빛을 모아 처음으로 진정한 우주 심연의 지도를 만들 수 있었기 때문이다.

관측자들은 멀리 떨어진 희미한 천체를 찾기 위해 사진 건판을 샅샅이 뒤졌다. 허블도 이 방법을 이용해 안드로메다의 세페이드 변광성을 관측했다. 이 방법이 간결하고 정밀하다는 데는 의심할 여지가 없으나, 은 감광유제와 유리판 등을 이용한 전통적인 의미의 사진 기술로 관측하던 시대는 오래전에 끝났다.

1970년대 중반에 처음 도입된 후 가시광선 대역의 천문학용 검출기에서 가장 기본적으로 쓰이는 부품은 전하결합소자charge-coupled device, CCD다. 똑같은 기술이 여러분이 사용하는 디지털카메라와 스마트폰에도 들어 있다. CCD는 사진 건판의 디지털 버전으로, 화소 혹은 흔히 얘기하는 픽셀에 해당하는 아주 작은 검출기가 격자무늬로 배열됐다.

CCD 기술의 선구자인 제임스 제인식James Janesick과 몰리 블루크Morley Blouke는 CCD가 어떻게 작동하는지 이해할 수 있는 간단한 방법을 제시했다. 픽셀이 벨트컨베이어에 놓인 양동이 같다고 생각해보라. 벨트컨베이어(1차원) 여러 줄이 모여 2차원적 배열이 만들어진다. 비가 오면 양동이에 물이 차기 시작하고, 한 지점에 비가 많이 오면 그 지점에 놓인 양동이에는 물이 더 많이 찰 것이다. 시간이 얼마 흐른 뒤 벨트컨베이어가 각 줄의 양동이를 가장자리로 옮기면, 그곳에서 양동이마다 담긴 물을 계량기에 쏟아 양을 기록한다.

떨어지는 물방울이 아니라 쏟아지는 빛 알갱이(광자)에 관심이 있다면, 그것을 모으는 데 양동이 말고 다른 것이 필요하다. 정보를 디지털로 기록하기 위해서는 빛 신호를 전하로 바꿔야 한다. 이 지점에서 CCD의 핵심 요소인 반도체가 등장한다. 반도체는 전기를 전도하지만, 특정한 조건 아래 전도하는 물질이다. 그 조건을 제어할 수 있다면 전하를 마음대로 다루는 것이 가능하다.

결정질 실리콘crystalline silicon은 반도체인데, 우리는 '도핑doping'이라는 과정을 통해서 이 반도체의 특성을 인위적으로 향상할 수 있다. 도핑 과정에서는 원자단위의 원소가 의도적으로 첨가되어 결정질 실리콘 격자를 오염한다. 이

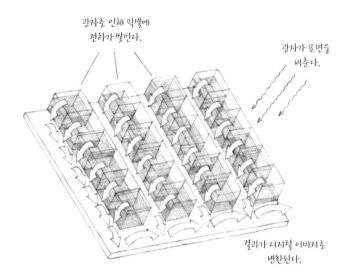

광자로 인해 픽셀에 전하가 쌓인다.

광자가 표면을 비춘다.

결과가 디지털 이미지로 변환된다.

CCD
—

전하결합소자(CCD)는 광자가 그 위로 '쏟아질 때' 전하가 '채워지는' 양동이가 2차원적으로 배열된 것이라 생각할 수 있다.

'불순물'은 전도도에 영향을 준다. CCD에 있는 각 픽셀에는 도핑 된 실리콘 결정이 약간씩 들었다. 조건에 맞는 에너지를 가진 광자가 실리콘에 부딪히면 반도체는 그 광자를 흡수할 수 있다. 광자 에너지는 전자로 전달되고, 그 과정에서 전자가 반도체 구조의 일부인 전도대conduction band로 올라간다. 이를 '광전효과photoelectric effect'라고 한다. 아인슈타인은 이 효과를 설명해서 1921년 노벨 물리학상을 받았다. 보통 조건이라면 이 전자는 자기에게 추가된 에너지를 발산하면서 급히 본래의 에너지 준위로 돌아갈 것이다. 하지만 반도체에 전압을 걸면 잠시 전자를 전도대에 잡아둘 수 있다.

광자가 검출기에 많이 부딪힐수록 더 많은 전자가 이 방식으로 전도대에 올라갈 수 있다. 전자가 저마다 음전하를 띠므로 픽셀마다 대량의 음전하가 쌓인다. 축적된 전하의 크기는 검출기에 닿는 빛의 양, 광자의 개수에 비례한다. CCD는 감지할 수 있는 신호를 수집할 동안이나 전하가 포화 상태가 되는(양동이가 넘치는) 최대 지점까지 빛에 노출할 수 있다. 일단 노출이 완료되면 마지막 작업으로 CCD를 '읽어내고read out' 각 픽셀에 기록된 전하를 이미지 속의 수치로 변환한다.

읽어내기는 CCD 배열의 기발한 전자공학적 구조를 이

용하여 실행된다. 적절히 전압을 걸어서 이웃한 픽셀끼리 전하를 계속 옆으로 이동시켜 배열의 가장자리로 보내는 방식이다. 그다음 모든 픽셀의 전하는 아날로그-디지털 변환기analogue-to-digital converter, ADC로 보내지고, ADC는 이 신호를 컴퓨터가 읽을 수 있는 개별적인 숫자로 바꿔준다. 이 숫자를 CCD 픽셀의 격자와 같은 패턴으로 배열하면 우리는 이미지를 얻게 된다. CCD마다 정확한 작동 방식이 다르고 관측하는 빛의 파장에 따라 약간씩 다르지만, 이것이 일반적인 과정이다. 여러분이 보는 천문학 이미지는 거의 모두 이 과정을 바탕으로 만들어졌다.

지금까지 우리가 발견한 가장 먼 별빛(사실은 수십억 개별의 조합)은 우주의 나이가 5억 년이 채 안 됐을 때 자기 은하를 떠난 것이다. 이 광자 중 일부는 허블우주망원경이 몇 주 동안 우주의 한곳만 바라보고 있을 때 우연히 망원경의 거울에 부딪혔다. 거울에 반사되고 집광된, 이제는 수십억 살인 광자는 망원경의 CCD 카메라 중 하나에 작은 신호를 발생시켰다. 우리는 그 멀리 떨어진 은하를, 주위보다 아주 약간 밝을 뿐이라 거의 식별되지 않으며 몇 개되지도 않는 픽셀로 관측한다. 하지만 이들은 시간과 공간을 가로질러 실려온 수십억 개 별의 속삭임이다.

망원경 반사경에 부딪혀 굴절되고 카메라로 집광 되어

수십억 년이 됐을지 모르는 비행을 끝내면서, 마지막으로 갖고 있던 에너지를 내어놓는 것이 일부 별빛의 운명이다. 우리는 에너지라는 광자의 속삭임을 실제로 기록하고 그 정보를 저장할 수 있다는 사실 덕분에 결코 가볼 수 없는 우주의 다른 지역을 탐사하고 이해할 수 있다. 이것이 천문학 기술이다.

FIVE PHOTONS

넷

암흑 에너지의 흔적

한번은 우주론 세미나에 들어갔다. 세미나 주제는 '통합된 작스-울프 효과integrated Sachs-Wolfe Effect란 무엇인가?'였다. 사람들 사이에 잠시 어색한 침묵이 흘렀다. 연사가 예상했다는 듯 말을 이어갔다. "이건 작스-울프 효과 같은 겁니다. 하지만 통합된 거죠!" 우주론 농담치고 괜찮은 편이라고 생각한다. 아닌가, 여러분도 그곳에 있었으면 그렇게 느꼈을 텐데.

천체물리학자 레이너 작스Rainer Sachs(1932~)와 아서 울프Arthur Wolfe(1939~2014)는 1967년 《천체물리학 저널》에 투고한 논문에서 최후 산란면을 떠난 우주배경복사에 무슨 일이 일어나는지 설명했다. 여러분에게 통합된 작스-울프 효과를 소개하고 싶은 이유는 그것이 우주의 진화 역사, 특히 수수께끼 같은 암흑 에너지의 흔적이 우주를 관통해서 반짝이는 빛 속에 어떻게 쓰여 있는지 훌륭히 보여주는 관측이라고 생각하기 때문이다.

우리는 우주를 가로질러 여행하는 광자가 적색이동 될 수밖에 없는 이유와, 이 적색이동은 여러 가지 원인으로 발생하는 것을 살펴봤다. 첫째 원인은 광자가 방출된 시간과 우리가 그것을 관측하는 시간 사이에 생긴 공간의 팽창, 이른바 우주론적 적색이동cosmological redshift이다. 둘째는 광원이 우리와 가까워지거나 멀어지는 상대속도가 있어, 광원에서 방출된 광자의 주파수가 도플러이동 되기 때문에 생긴다. 광원이 우리와 가까워지거나 멀어지는 까닭은 은하의 회전이나 주변 다른 은하의 인력에 따른 '특이 운동peculiar motion' 때문으로 보인다.

적색이동의 셋째 원인은 (아직 다룬 적이 없지만) 이 이야기의 중심인 중력적색이동gravitational redshift이다. 중력적색이동은 자연의 이해에 대한 아인슈타인의 중요한 공헌 중 하나인 일반상대성이론에서 기원을 찾을 수 있다. 그러니 진도를 더 나가기 전에 빛이 우주를 어떻게 여행하는지, 더 정확히 말하면 빛이 시공간을 어떻게 여행하는지 조금 더 깊이 파고들어보자. 일반상대성이론을 약간 이해해야 한다.

우리는 질량이 거대한 천체 주위에 형성되는 중력장의 세기를 표현할 때 '중력 우물potential well'이라는 개념을 사용한다. '우물'이라는 단어는 중력이 있는 질량이 시공간의 얼개fabric를 변형할 것임을 간접적으로 내비치는데(보통 볼링공이 고무판 위에 놓인 상황으로 비유한다), 이런 식으로 시공간이 변형되면 구슬이 고무판 표면을 따라 구를 때처럼 물체가 움푹 팬 곳에 빠지거나 팬 것 때문에 방향이 휠 수 있다. 그런데 시공간의 '얼개'가 있다는 말이 무슨 뜻일까? 시공간은 무엇이며, 시간과 공간이 왜 연결되어 있을까?

이 질문에 단도직입적인 답은 실제로 적어보면 명확히 이해된다. 우주에서 일어나는 모든 사건은 일반적인 삼차원 공간상의 어떤 지점(어딘가)과 시간상의 어떤 시점(언젠가)에서 일어난다. 따라서 과거, 현재, 미래의 우주에서 벌어진 모든 사건은 어떤 기준을 상대로 측정한 네 가지 값(x, y, z, t)으로 표현할 수 있다. 이것이 상대성이론에서 기본이 되는 개념으로, '기준 좌표계reference frame'라고 한다.

우리는 원하는 대로 계를 정의할 수 있고, 계의 시공간 좌표로 모든 물리법칙을 표현할 수 있다. 이게 전부가 아니다. '관성inertial'계는 외부의 영향이 없는 계다. 그 안에서 물리법칙은 절대적이고, 정확히 동일한 법칙을 다른 관성계에서도 관측할 수 있다. 관성계의 현실적인 예로 일정한 속도로 움직이는 자동차를 들 수 있다. 자동차라는 계에서

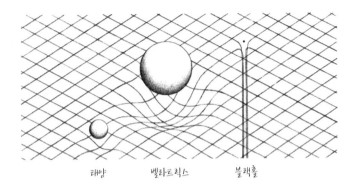

태양   벨라트릭스   블랙홀

시공간의 휨

—

일반상대성이론은 중력을 시공간의 휨으로 설명한다. 시공간은 사차원이지만 여기서는 그림으로 보이기 위해 이차원 판으로 표현했다. 질량이나 에너지밀도가 존재하면(예를 들어 별) 판이 변형된다. 광자는 시공간상의 길을 따라 이동하므로, 질량이 큰 물체 근처를 지날 때는 궤적이 휠 수 있다. 블랙홀은 시공간을 극단적으로 휘게 만들기 때문에, 블랙홀부터 특정한 임계 거리에 있는 광자는 절대로 빠져나올 수 없다.

는 자신이 빠른 속도로 움직인다는 것을 느끼지 못한다. 즉 내가 탄 차와 차 안에 있는 물건을 기준으로 볼 때, 나는 '정지해' 있다. 차 안에서 뭔가 떨어뜨리면 중력 때문에 그대로 떨어진다. 하지만 자동차가 가속하기 시작하면 그 계는 비관성계가 된다. 자동차 속도가 올라가면 어떤 힘이 시트에 앉은 내 몸을 뒤로 미는 것처럼 느껴진다. 나를 미는 이 힘은 (내가 차 안에 있다는 사실을 모른다면) 내가 속한 계 어디서 나오는지 모르게 갑자기 튀어나온 듯 느껴질 것이다. 외부에서 내 계에 영향이 가해져서 생겼는지, 계 내부의 어떤 것 때문에 생겼는지 내가 꼭 알 수 있는 것이 아니다. 이를 '겉보기 힘fictitious force'이라고 한다.

좌표계가 다른 관성계가 여럿 있고, 이 모든 계가 서로 다른 계에 대해 일정한 속도로 움직인다고 상상해보자. 이때 우리는 어떤 계에서 측정한 물리량의 값을 간단한 '좌표변환coordinate transformation'을 통해 다른 계의 값으로 변환할 수 있다. 플랫폼에서 기차가 지나가는 모습을 지켜보고 있다고 생각해보라. 기차가 50km/h로 움직이고 있다고 치자. 누군가 기차 안에서 기차의 진행 방향으로 통로를 걷고, 당신은 창문을 통해 그 모습을 볼 수 있다. 논의를 위해서 그 사람이 1km/h로 걷는다고 하자. 플랫폼에서 이를 보던 당신은 기차 안 그 사람이 걷는 속도를 51km/h로 측정할 것이다. 걷는 속도에 기차의 속도를 더한 값이다. 하지만 기차 안에서 자리에 앉은 누군가 통로를 걷는 승객의 속도를 잰다면, 1km/h로 나올 것이다. 기차 안의 관측자는 통로를 걷는 승객과 동일한 계에 있기 때문이다.

플랫폼과 기차는 각각 다른 두 관성계다. 우리는 좌표계를 기차와 동일한 속도로 움직이는 좌표계로 바꿔 플랫폼에서 측정한 51km/h를 쉽게 '수정'할 수 있었다. 이를 갈릴레이 상대론Galilean relativity이라고 한다. 아인슈타인은 이 개념을 발전시켜 '특수'상대성이론을 만들었고, 더 나아가 일반상대성이론으로 발전시켰다. 많은 상황에서 갈릴레이 상대론이 잘 들어맞지만, 물체의 속도가 빛의 속도에 가까워지는 경우에는 언제나 특수상대성이론을 적용해야 한다. 두 사건의 시공간 간격(좌표상의 차이)이 사건이 측정된 관성계에 따라 달라지지 않는다는 것이 특수상대성이론의 기본 가정 가운데 하나다. 이는 기준 좌표계가 뭐든 모든 관찰자가 측정하는 빛의 속도는 동일하다는 광속의 불변성에서 비롯된 결과다.

기차 안에서 통로를 걷는 사람을 광속으로 움직이는 광자로 바꾸는 경우, 플랫폼의 관찰자가 측정하는 광자의 속도가 '빛의 속도+50km/h'가 아니라 일반적인 빛의 속도로 나온다는 의미다. 추가된 기차의 속도가 아무 영향을 주지 않는다. 기차 안에 앉아 있는 승객도 광자가 빛의 속도로 통로를 지나는 것으로 측정할 것이다.

이 모든 게 시공간과 어떻게 연관되어 있을까? x, y, z, t 가 세트로 된 좌표계는 본질적으로 시공간이다. 우리는 인간 관찰자로서 공간적 개념인 '어딘가', 즉 x, y, z를 동시에 인지해서 삼차원 공간을 마음대로 움직일 수 있다. 이와 같이 우리는 삼차원 공간이 실제로 무엇인지 직관적으로 이해한다. 하지만 시간에 대한 인지와 체험은 이야기가 다르다. 우리는 시간 속을 마음대로 여행할 수 없고, 시간적 흐름에 따라가야 할 뿐이다. 그것도 우리가 아는 한, 오직 앞으로 갈 수 있다. 적어도 시간의 거시적 규모에서는 그렇다. 우리가 사차원 시공간에 존재한다는 개념을 완전히 이해하기 어려운 이유가 바로 이 때문이다.

그럼에도 우주 안의 모든 사건은 어떤 지점(공간)과 어떤 시점(시간)에서 일어나므로, 우리는 두 사건의 시공간적 간격을 사차원 구조에서 생각할 수 있다. 주어진 계에서 이 간격(기본적으로 두 사건의 공간과 시간 좌표의 차이)을 표현하는 수식을 '메트릭metric' 혹은 '계량'이라고 한다. 시공간에서 물체가 어떻게 움직이는지 기술하려면 정확한 메트릭이 필수적이다. 메트릭으로 휜 시공간을 설명할 수 있다는 점이 중요하다. 이것이 일반상대성이론의 핵심이다.

여기서 일반상대성이론을 모두 다룰 수는 없지만, 우주를 여행하는 빛의 행동 특성을 이해하는 데 도움이 될 주요 개념 몇 가지는 짚고 넘어가자. 우선 질량을 생각해보자. 뉴턴에 따르면 물체에 작용하는 힘은 그 물체를 가속하게 만들고, 이때 가속도는 힘을 물체의 질량으로 나눈 값과 같다. 구체적으로 말하면, 이 경우 우리가 말하는 질량은 그 물체의 '관성'질량이다.

뉴턴은 중력에 대해서도 가르쳐줬다. 그는 두 물체 사이에는 끌어당기는 힘이 있고, 그 크기는 둘의 질량을 곱한 값에 비례하며 둘의 거리의 제곱에 반비례하는 것을 보였다. 두 물체를 생각해보자. 하나는 테니스공이고 다른 하나는 지구다. 모두 알다시피 지구의 질량은 너무나 거대해서 테니스공의 질량을 미미하게 만든다. 이 예에서는 지구의 질량에 따른 중력이 압도적으로 크다. 지구의 중력장이 테니스공에 작용하는 힘을 기술하는 방정식을 써보면, 중력 퍼텐셜의 미분 혹은 기울기로 표시된다. 이 경우 우리가 말하는 테니스공의 질량은 '중력질량gravitational mass', 즉 지구 중력의 영향을 '받는' 질량이다.

하지만 테니스공이 받는 중력은 보통의 힘처럼 작용한다. 가속을 일으키는 것이다. 테니스공을 손에서 놓으면 땅으로 떨어지면서 가속한다. 하지만 우리가 방금 살펴봤듯이, 이 가속도는 공의 관성질량과 관련되어 있다. 그러므로 테니스공의 '관성'질량과 '중력'질량이 관계되는 방정식을 만들 수 있다. 이것을 말로 풀어보면, 테니스공의 **관성**질량에 가속도를 곱한 값은 테니스공의 **중력**질량에 지구 중력 퍼텐셜의 기울기를 곱한 값과 같다. 이것을 운동방정식equation of motion이라고 한다.

관성질량과 중력질량이 등가等價라면(정말 그래야 하는지 바로 명쾌하게 이해되지는 않는다), 운동방정식은 지구 중력 때문에 생긴 테니스공의 가속도가 공의 질량과 무관함을 암시한다. 테니스공의 질량이 방정식의 양 변에 모두 있기 때문이다. 공의 질량이 10배 더 무거워도 가속도는 똑같다. 관성질량과 중력질량이 같으니 어차피 운동방정식에서 '상쇄'되기 때문이다. 이것이 관측상으로는 지구 표면 근처에서 모든 물체가 질량에 상관없이 똑같은 가속도로 땅에 떨어지는 것으로 나타난다.

이것은 많은 사람들에게 직관과 어긋나는 소리다. 적어도 처음에는 그렇다. 우리는 직감적으로 무거운 물체가 가벼운 물체보다 빨리 떨어질 것이라고 추정한다. 이는 사실이 아니다. 실제로 일어난 일인지 불분명하지만, 갈릴레오가 피사의 사탑 꼭대기에서 질량이 다른 두 물체를 떨어뜨리는 실험으로 이를 증명했다는 일화는 유명하다. 이때 두 물체는 같은 속도로 땅에 떨어졌다고 한다. 그보다 최근이며 확실한 실험은 아폴로 15호의 월면 보행 중에 수행됐다. 달 표면에서 임무를 수행하던 우주 비행사 데이비드 스콧David Scott이 TV 카메라 앞에서 양손에 들고 있던 매의 깃털과 망치를 떨어뜨렸는데, 두 물체가 동시에 달의 지면에 떨어진 것이다.

지구에서는 낙하하는 물체가 중력에 반대되는 공기저항을 받기 때문에 이 실험이 성공적으로 되지 않는다. 깃털은 망치보다 공기저항의 영향을 많이 받기 때문에 똑같은 실험을 지구에서 할 경우, 망치가 빨리 떨어지고 깃털은 뒤처져서 유유히 땅으로 떨어진다. 그럼에도 중력질량과 관성질량의 '등가원리equivalence principle'는 상대성이론의 근본이 되는 뿌리 중 하나다. 요컨대 중력장과 가속도가 등가다.

아인슈타인이 즐겨 쓰던 사고思考실험을 통해 더 깊이 들어가자. 자유낙하 하는 엘리베이터를 생각해보라. 안에는 사람이 타고 있다. 생각으로 하는 실험이니 우리는 어느 정도 높은 곳에서 급강하하며 자유낙하 중인 엘리베이터와 그 내부를 관찰할 수 있다. 이 경우 운동방정식은 간단하다. 엘리베이터와 승객이 곧장 지구 중심을 향해 일정하게 가속되어, 내려가는 속도가 매초 10m/s씩 증가한다. 물리학에서 이 값은 **g** 혹은 지구 표면 근처에서 중력에 따른 가속도로 알려져 있다.

승객은 엘리베이터 안에서 마치 중력의 영향을 받지 않는 것처럼 공중에 떠 있다. 엘리베이터와 승객이 같은 속도로 떨어지기 때문이다. 국제 우주정거장에 탄 우주 비행사들이 무중력상태에 있는 듯 보이는 것도 같은 이유다. 그들에게 지구의 중력이 작용하지 않는 것이 아니라, 그들과 정거장 둘 다 지구 쪽으로 자유낙하 하기 때문이다. 국제 우주정거장(과 모든 인공위성)의 경우, 우주선은 지구 표면의 접선 방향으로도 어느 정도 속도로 움직인다. 따라서 우주정거장은 '낙하'하지만, '전진'도 한다. 낙하와 전진, 방향이 다른 두 조합은 정거장이 항상 지구 중심을 향해 낙하하더라도 지구의 둥근 표면 때문에 지상에는 닿지 않도록 맞춰져 있다. 즉 안정된 고도가 유지된다. 이것이 궤도다.

낙하하는 엘리베이터를 외부에서 보는 관찰자의 시점과 자신이 떨어지고 있는지 인식하지 못하는 엘리베이터 승객의 시점은 서로 다른 두 기준 좌표계라고 할 수 있다. 엘리베이터 안에서는 좌표계가 **g**로 가속하는 기준 좌표계로 변환되고, 변환된 좌표계 속의 관찰자에게는 중력의 국지적 영향(예를 들어 관찰자가 엘리베이터 바닥에 발을 붙이고 있게 하는 중력의 작용)이 사라져버린다.

반대로도 생각해볼 수 있다. 엘리베이터를 행성처럼 중력이 큰 천체에서 아주 멀리 떨어진 우주 어딘가에 놓아보자. 이것을 우주캡슐이라 부르겠다. 캡슐이 정지해 있거나 텅 빈 우주에서 일정한 속도로 움직이고 있다면(다시 말해 가속도가 없다면), 그 안에 있는 승객은 무중력상태가 될 것이다. 어떤 중력장도 없기 때문이다. 하지만 캡슐이 가속하기 시작하면 승객은 가속하는 자동차에서 몸을 뒤로 미는 것과 동일한 겉보기 힘을 경험할 것이다. 캡슐의 가속도가 g와 동일하고 일정하게 유지된다면, 캡슐 승객은 지금 여러분이 지표면에 발을 붙이고 있는 것과 정확히 같은 방식으로 캡슐의 '바닥'에 발을 붙이고 있게 될 것이다. 이것이 **약한** 등가원리다. 가속하는 계(캡슐)는 중력장 안에 정지한 계(지구 표면에 서 있는 것)와 동일하다는 뜻이다.

가속하는 캡슐 안에 모의 중력이 생겼다는 것을 여러분도 눈치챘을 것이다. 덕분에 승객은 걸어 다닐 수 있고 펄쩍펄쩍 뛸 수도 있으며, 지구에서 하는 행동을 똑같이 할 수 있다. 안타깝게도 가속도를 일직선상으로 일정하게 유지하기란 불가능하다. 그러려면 연료가 너무 많이 들고, 우주선은 멈추지 않고 움직여야 하며, 그동안 속도는 계속 증가해야 하는데, 현실적으로 일어날 수 없는 일이다. 이에 대안으로 캡슐을 원통형으로 만들고 장축을 중심으로 회전시킬 수 있다. 캡슐이 회전함에 따라 힘이 작용하겠지만, 그 힘은 원심력이기 때문에 승객은 우주선의 곡선 표면으로 밀려난다. 캡슐을 특정한 속도로 회전시키면 캡슐 안에서 지구의 중력을 모방할 수 있다. 이런 발상은 공상과학소설과 영화에서도 많이 사용됐다. 아서 클라크 Arthur Clarke 원작을 1968년 스탠리 큐브릭 Stanley Kubrick 감독이 영화화한 〈2001: 스페이스 오디세이 2001: A Space Odyssey〉가 유명한 예다.

일반상대성이론의 효과는 **강한** 등가원리에서 진짜로 나타나기 시작한다. 강한 등가원리란, 중력장 안에서 자유낙하 하는 기준 좌표계에서 모든 자연법칙은 중력장이 부재한 곳의 자연법칙과 동일하다는 것이다. 중력장의 세기와도 상관이 없다. 이것은 몇몇 흥미로운 결과로 이어진다.

낙하하는 엘리베이터 안에 한쪽 벽에서 반대쪽 벽의 같은 지점으로 광선을 쏘는 장치가 있다고 상상해보라. 완벽하게 수평으로 나가는 광선이다. 엘리베이터가 자유낙하 하는 동안 그 안에 있는 관찰자에게 보이는 모습은 정확히 방금 설명한 대로일 것이다. 하지만 외부에서 이 광선을 관찰하던 사람에게는(엘리베이터의 한 면이 유리라 내부를 볼 수 있다고 치자) 한쪽 벽에서 발산된 빛이 호를 그리며 아래쪽으로 떨어지는 것처럼 보일 것이다.

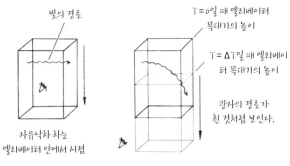

빛의 경로

자유낙하 하는
엘리베이터 안에서 시점

T=0일 때 엘리베이터
꼭대기의 높이

T=ΔT일 때 엘리베이
터 꼭대기의 높이

광자의 경로가
휜 것처럼 보인다.

엘리베이터 외부의 시점

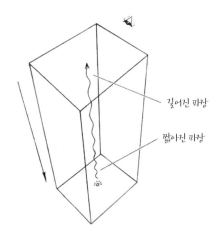

길어진 파장

짧아진 파장

중력렌즈와 중력적색이동

—

자유낙하 중인 엘리베이터를 서로 다른 두 관찰자(엘리베이터와 함께 자유낙하
하는 관찰자와 외부에서 움직이지 않고 이를 지켜보는 관찰자)의 시점에서 봄으
로써 중력렌즈와 중력적색이동을 비롯한 상대성이론의 일부 핵심 개념을 설명할
수 있다.

빛의 속도는 엘리베이터에서 측정하든, 외부 좌표계에서 측정하든 똑같다는 사실을 상기해보라. 외부 관찰자의 시점에서 보면 빛이 벽에서 벽으로 이동하는 시간 **동안** 엘리베이터가 지구 중심 쪽으로 떨어졌다. 따라서 광선이 방출된 곳보다 광선을 가로막은 반대편 벽의 물리적 높이가 낮다(지상을 기준으로 할 때). 외부 관찰자에게는 광선이 지구의 중력장 속을 이동하면서 휘는 것처럼 보인다는 뜻이다. 이것이 중력 때문에 생기는 빛의 중력 편향gravitational deflection 혹은 중력렌즈의 원리이며, 일반상대성이론이 예측하는 주요 현상 가운데 하나다.

빛을 휘게 만드는 중력렌즈에 대한 관측을 토대로 한 검증은 아인슈타인이 일반상대성이론을 발표하고 나서 얼마 되지 않은 1919년에 있었다. 아서 에딩턴Arthur Eddington(1882~1944)은 개기일식을 관측하기 위해 아프리카 서단에 위치한 적도기니공화국의 프린시페 섬으로 갔다. 그는 깜깜한 어둠이 지속되는 동안 태양 뒤쪽에 있으면서 태양 가장자리에 가까운 별의 위치를 측정했다. 그렇게 측정한 위치와 같은 별에 태양 원반이 그 앞에 없을 때 위치를 비교해서 두 위치의 차이를 측정했다. 그 차이는 별에서 발산된 빛이 태양의 중력장을 지나면서 휠 것이라고 예측된 정도와 같았다. 태양 뒤쪽의 별에서 나온 별빛이 태양에 의

한 중력렌즈로 휜 것이다.

이제 중력 때문에 생기는 적색이동을 살펴보자. 이것도 자유낙하 하는 엘리베이터로 설명할 수 있다. 엘리베이터 안의 광선을 수평으로 가로지르게 하지 말고, 광원을 바닥에 놓고 광선을 수직 방향으로 쏘아 올려보자. 이 광원을 시계처럼 만들어서 빛을 펄스로 내보내되, 그 속도는 전자기복사의 주파수에 맞춘다. 관찰자가 엘리베이터 안에서 각 펄스가 엘리베이터 바닥부터 천장까지 올라가는 시간을 측정해보면, 엘리베이터 높이를 광속으로 나눈 값이 될 것이다. 천장에 도달하는 펄스의 주파수는 그것이 바닥에 있는 광원을 떠날 때 주파수와 동일할 것이다.

우리의 관심을 외부 관찰자로 돌려보자. 그가 고층 빌딩 꼭대기에서 자기 옆을 지나 땅으로 떨어지는 엘리베이터를 내려다보고 있다고 상상하라. 이번에는 천장을 투명하게 만들어 빛 펄스가 올라오는 모습을 볼 수 있다고 치자. 외부 관찰자의 시점에서는 엘리베이터 바닥의 광원이 점점 빠른 속도로 낙하하며 자신에게서 멀어지고 있다. 이 움직임은 점점 멀어지는 사이렌처럼 도플러이동을 일으켜 빛의 주파수를 감소한다. 따라서 엘리베이터를 내려다보는 외부 관찰자에게는 빛 펄스가 적색이동 되는 것으로 보인다. 하지만 가속되는 계와 중력장 속에서 정지한 계의 등가원리에 따르면, 자유낙하 하는 엘리베이터 안에서 빛 신호가 위로 이동한다는 것은 광자가 중력 퍼텐셜 우물을 오르는 것과 같다. 이 말은 중력 퍼텐셜 우물에서 나와 외부의 관찰자를 향하는 모든 광자는 적색이동 될 것이라는 뜻이다. 이것이 중력적색이동이다. 중력 퍼텐셜 우물 속으로 들어가는 광자라면 이와 반대가 성립한다. 다시 말해 그 광자는 중력에 의해 청색이동 된다.

전자기복사의 주파수 감소와 관련된 현상으로, 외부 관찰자가 엘리베이터 바닥에서 방출되는 빛 펄스를 세는 속도 역시 엘리베이터가 하강할수록 감소한다. 시계의 째깍째깍하는 속도가 점점 느려지는 것이다. 일반상대성이론에 따른 당황스러운 결과 중 하나는 중력 퍼텐셜 우물에서 더 깊은 곳, 중력이 더 강한 곳에 있는 시계일수록 느리게 간다는 점이다.

똑같이 맞춰진 두 시계 중 하나는 해면 높이에, 다른 하나는 에베레스트산 정상에 두고 한참 뒤에 보면 지상보다 산 위에 있는 시계에서 시간이 많이 흘렀음을 발견할 것이다. 두 시계의 시간 차이는 산 정상과 지상의 중력 퍼텐셜 에너지 차이에 따라 결정된다(지구의 중력장에서 산꼭대기는 당연히 더 높은 곳에 있다). 이 영향은 단지 기록으로 시간에 미치는 것이 아니다. 시계와 함께 산 위에 머무는 사람은 지상에 있는 사람보다 나이를 빨리 먹을 것이다.

자연이 이런 식으로 작동하다니 정말 이상하다. 이 '사고'실험이 이상한 예측을 하는 것일 뿐, 현실에서는 일어날 수 없는 일이라고 생각해도 무리가 아니다. 티베트에 사는 이들이 네덜란드에 사는 이들보다 빨리 늙는다는 게 정말로 사실일 수 있을까? 놀랍게도 중력에 따른 적색이동과 시간 '지연' 모두 지구 표면에서 실험으로 확실하게 측정됐다. 그중 하나는 1959년 로버트 파운드Robert Pound와 글렌 렙카Glen Rebka가 하버드대학교에서 수행한 파운드-렙카 실험이다. 이 실험에 따르면, 건물 꼭대기에 있는 특정한 철의 동위원소(정확히 말하면 철-57) 샘플에서 방출된 감마선을 23m 아래 지하에서 검출하니 광자가 중력 청색이동한 것으로 나왔다.

또 다른 실험은 1970년대 초에 행한 하펠-키팅 실험이다. 조지프 하펠Joseph Hafele과 리처드 키팅Richard Keating은 매우 정확한 원자시계를 실은 비행기가 전 세계를 누비게 했다. 원자시계는 이륙에 앞서 지상에 있는 기준 시계와 같은 시각으로 맞췄고, 기준 시계는 다른 시계들이 비행하는 동안 실험실에 남았다. 일반상대성이론의 예측대로라면 상공을 나는 시계와 지상의 시계는 15/1억 초 정도 차이가 나야 했다. 특수상대성이론에서는 또 다른 시간 지연도 예측하고 있다. 비행기가 상당히 빠른 속도로 날기 때문에 생기는 시간 지연이다. 비행기가 착륙하고 두 시계를 비교해보니, 시간 차이가 상대성이론에서 예측한 값과 훌륭하게 맞아떨어지는 것으로 나타났다. 이후에도 비슷한 실험을 많이 수행했는데, 모두 아인슈타인의 예측을 점점 더 정확하게 확인해주고 있다.

지구 가까이에 있는 시계라면 이것이 무시해도 될 정도의 영향 같지만(이렇게 저렇게 10억 분의 몇 초쯤 오차가 생긴다 해도 누가 상관하겠는가), 예컨대 GPS 위성같이 궤도의 반지름(고도)이 약 20,000km나 되는 경우에는 고도가 높은 곳보다 행성 지면에서 시계가 천천히 간다는 사실을 반드시 고려해야 한다. GPS 위성을 이용해 10m 이내의 정확도로 위도와 경도를 측정하려면 위성이 지구 표면에 있는 시계를 기준으로 1억 분의 수 초 이내로 정확도를 유지해야 한다. 우리는 일반상대성이론을 알기 때문에 각 위성의 고도와 궤도 속도에 대한 정보가 있으면 위성에 생기는 시간 차를 수정할 수 있다. 시간 지연을 보정하지 못하면 위성에 탑재된 시계는 지구에 있는 시계에 비해 하루에 수십 μs(마이크로초)씩 빨라질 것이다. 이렇게 되면 GPS의 오차는 금세 10km나 되며, 시간이 갈수록 점점 심해질 것이다.

일반상대성이론에서 아인슈타인이 세운 업적은 질량과 에너지밀도가 어떻게 시공간을 왜곡하고, 그 시공간을 지나는 빛의 경로(서로 다른 관찰자 입장에서 관측된)에 어떤 영향을 미치는지 연구함으로써 이 모든 물리 현상을 수학적으로 기술했다는 점이다. 그의 이론은 중력이 작용하는 방식에 대한 우리의 생각을 완전히 바꿔놓았다. 시간과 공간, 질량과 에너지밀도의 관계에 대한 수학적 표현이 아인슈타인의 '장 방정식'에 요약되어 있다.

장 방정식에는 명시적이지 않으나 시공간이 기하학적 개념인 '다양체manifold'로 기술된다. 이것은 기하학에서 사용되는 수학 용어다. 구의 표면은 이차원 다양체 혹은 2−다양체의 한 유형이며, 원통이나 토러스의 표면도 같은 유형이다. 이차원 다양체는 지구의 표면과 같은 삼차원 공간에 존재할 수 있다. 속이 꽉 찬 공(표면과 내부를 합친)은 삼차원 다양체의 예다. 시공간은 사차원 다양체다. 시공간의 '얼개'가 무엇인지 생각해보고 싶다면 이 다양체가 그것이다.

일반상대성이론에서는 다양체의 휨으로 중력을 설명한다. 물질이나 에너지가 존재하면 시공간을 왜곡하는데, 물질이 중력에 따라 움직이는 것은 이 왜곡으로 일어나는 현상이다. 다양체에서 두 지점의 최단 거리를 '측지선geodesic'이라고 하는데, 입자는 광자처럼 이 측지선을 따라 휜 시공간을 여행한다. 지구 표면이라는 이차원 다양체에서 두 지점의 최단 거리가 '대원great circle'이라는 호arc인 것과 마찬가지로, 물질과 에너지로 가득 찬 우주 속을 날아가는 광자의 이동 경로는 시공간의 곡률을 따른다.

재결합 시기의 우주에서 중력의 지형이 어땠을지 생각해보자. 물질 밀도가 평균보다 약간 높은 지역과 약간 낮은 지역을 상상해보라. 이런 불완전한 지점이 결국에는 우주에서 물질의 거대 구조로 발전했다. 우주의 원시 지형에 전체적으로 분포하던 고밀도 덩어리와 저밀도 덩어리가 초기 우주의 시공간을 언덕과 계곡처럼 변형하는 모습을 생각하면 된다.

작스와 울프는 광자가 광자−바리온 유체의 속박에서 풀려나는 재결합 시점에 이 언덕과 계곡에서 탈출하며 중력 적색이동 할 것으로 예측했다. 언덕(저밀도 지역) 위에 있는 광자에 비해 고밀도 지역의 광자는 계곡을 올라오느라 에너지를 조금 써야 했을 것이다. 그러므로 광자가 방출된 순간 우주배경복사는 다양한 크기로 중력적색이동 했다. 이것이 일반적인 작스−울프 효과다. 이 효과는 플랑크 위성 같은 실험에서 측정하는 온도 비등방성의 파워 스펙트럼 속에 우리가 측정할 수 있는 가장 큰 규모의 온도 요동으로 들어 있다. 이 규모에서 작스−울프 효과가 가장

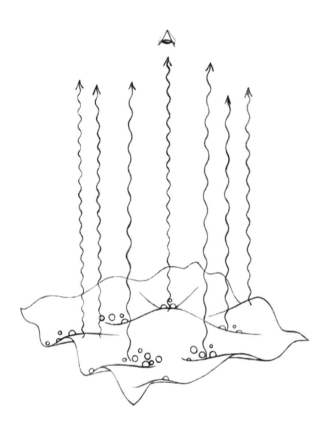

작스–울프 효과
—
최후 산란면의 고밀도 지역에서 나오는 광자는 중력 퍼텐셜 우물을 '오르면서' 중력적색이동 한다.

두드러진다.

앞서 살펴본 것처럼 CMB 광자의 여행은 결코 평온무사하지 않다. 그들은 우리 검출기까지 우주 역사를 통틀어 가장 먼 길을 달려왔고, 관측 가능한 우주 거의 전체를 가로질렀다고 해도 과언이 아니다. 이 말은 광자들이 130억 년 이상 여행하는 동안 우주 팽창에 따른 우주론적 적색이동을 겪지 않을 수 없을 뿐만 아니라, 시간이 흐름에 따라 진화하는 우주의 거대 구조 속을 지나야 한다는 의미다.

당신 주위의 모든 것에 시간을 빨리 돌릴 수 있다고 상상해보라. 다만 시간이 당신에게는 정상적인 속도로 흐른다. 당신에게 1초가 흐르는 동안 주위에는 100년이 흘렀다고 치자. 이제 긴 산책을 나간다. 걷는 동안 당신 눈앞에서 엄청난 사건이 펼쳐진다. 마을과 도시가 일어나고 쇠퇴한다. 풍경이 바뀐다. CMB 광자가 겪는 일도 이와 비슷하다. 우주 구조가 발달함에 따라 광자의 여정에 우주 중력의 지형이 바뀌는 일이 발생하는 것이다.

우주 공간을 내달리는 CMB 광자는 여행하는 동안, 이미 형성되었고 계속 형성 중인 중력 우물을 통과한다. 그 과정에서 빛에 중력적색이동이 생길 수 있다. 엄청나게 큰 질량을 향해 날아가는 광자를 생각해보라. 아인슈타인의 장 방정식에 기술된 것처럼 이 거대한 질량으로 인해 시공간은 엄청난 깊이로 움푹 팬다. 광자는 언덕을 굴러 내려가는 공처럼 질량 안으로 들어가는 궤도상에서 에너지를 얻어 청색이동 한다. 광자는 질량을 통과해서는 곧 밖을 향한 궤도에 오르는데, 이는 마치 공이 다시 언덕을 올라가는 것과 같다. 광자가 퍼텐셜 우물에서 올라오려면 에너지를 써야 하고, 그 결과 광자는 적색이동 한다. 광자는 다양한 우주 구조를 통과하므로, 여정에 이런 상황을 많이 맞닥뜨렸을 것이다. 그런 상황이 누적된 것을 통합된 작스-울프 효과라고 한다. 그렇다, 작스-울프 효과 같은 데 통합된 것이다.

질량 안으로 들어가는 궤도에서 얻은 에너지의 총량이 밖으로 빠져나올 때 잃어버린 에너지의 총량과 같다면, 이는 시공간의 움푹 팬 형태가 대칭적이라는 뜻이다. 이 경우 적색이동과 청색이동은 상쇄된다. 그렇게 되면 우리가 중력 퍼텐셜 우물에서 빠져나오는 광자와 동일한 우주 구조를 통과하지 않은 광자를 구별하지 못할 수도 있다. 하지만 실제로는 그렇지 않다면? 두 가지 관측 가능성이 있다. 빛이 중력 퍼텐셜 우물을 지날 때 최종적으로 청색이동 하거나 적색이동 하는 것이다.

광자가 청색이동 하려면 중력 퍼텐셜 우물에 들어갈 때 얻은 에너지보다 나올 때 쓰는 에너지가 적어야 한다. 그 반대라면 적색이동 한다. 이런 일이 생길 한 가지 방법은, 우주 팽창으로 인해 시공간이 거대 규모로 진화하는 것이다. 우주가 팽창하면 광자가 우주 거대 구조 속을 통과하는 시간 동안 퍼텐셜의 깊이(시공간이 휜 정도)가 변할 수 있다. 그렇게 되면 모든 광자에 생기는 일반적인 우주론적 적색이동 외에도 우주 팽창의 상세한 역사가 통합된 작스-울프 효과에 따라 CMB 광자에 새겨질 수 있다. 그렇다면 우리에게는 우주론 모형을 더욱 세밀하게 다듬을 수 있는 효과적인 관측 거리가 또 하나 생기는 셈이다.

우주가 얼마나 빠른 속도로 팽창하는지 알아내기 위해서는 여러 우주론적 적색이동에 따른 물리적 규모를 비교하는 방법이 있어야 한다. 이제는 은하와 같은 천체에 대해 말할 때 '적색이동'이라는 용어 대신 '거리'라고 쓰는 것이 좋겠다. 하지만 적색이동이 사실은 오늘날과 이전 어느 시간 사이 '척도 인자scale factor'의 비율을 나타내기도 한다는 것을 기억해야 한다. 척도 인자는 빅뱅 이후 우주가 얼마나 팽창했는지 나타내며, 서로 다른 시기에 측정한 두 천체의 '고유proper' 거리의 비율로 정의된다.

고유 거리란 두 사건 사이의 시간 좌표가 고정된 상태에서 시공간의 간격으로 정의된다. 두 별, 예를 들어 태양 그리고 태양의 가장 가까운 이웃 별로 약 4광년 떨어져 있는 프록시마켄타우리를 생각해보자. 당신이 태양에서 프록시마켄타우리까지 줄자로 잴 수 있다고 하면, 당신이 한 별에서 다른 별까지 가는 시간 동안 두 별이 서로를 향해 상대적으로 움직였을 수 있다. 따라서 당신이 프록시마켄타우리에 도착해 줄자에서 실제로 읽은 거리는 시간의 차이에도 좌우된다. 당신의 여행 속도가 느리거나 빨라서 도착하는 데 오래 혹은 짧은 시간이 걸린다면, 두 경우에 측정한 거리가 달라질 수 있다. 그러므로 이는 '고유' 거리가 아니다. 그 대신 태양에서 프록시마켄타우리까지 순간적으로 이동할 수 있다면 흘러간 시간도 없을 테고, 두 '사건'의 시공간 간격은 오로지 일반적인 삼차원상의 별들의 순간적인 간격에 기인한다. 이것이 고유 거리다.

규모를 좀 더 키워보자. 아주 멀리 떨어진 두 은하가 있다. 두 은하는 너무 멀리 떨어져 있어 서로에게 작용하는 중력은 무시할 만큼 약하다. 우리가 두 은하 사이를 순간 이동해서 둘의 고유 거리를 잴 수 있다고 상상해보자. 한 번 재고 나서 수십억 년을 기다렸다가 다시 한 번 잰다. 그 사이에 우주가 팽창했을 테니(즉 공간이 팽창했을 테니) 두 은하의 고유 거리는 증가했을 것이다. 동일한 은하 한 쌍을 우주의 시간대별로 관측해서 이 실험을 수행한다면 우주 팽창의 역사를 매우 정확하게 측정할 수 있을 것이다.

멀리 떨어진 은하에서 오는 빛이 우주론적 적색이동 하는 것은 방금 설명한 줄자 측정 문제와 연관시킬 수 있다. 면 은하에서 떠난 광자가 우리에게 도달하는 데는 유한한 시간이 걸리는데, 그 사이 우주가 팽창해버리는 것이다. 그 빛은 우리가 검출할 때는 적색이동 한 상태이며, 적색이동의 크기는 빛이 방출될 때 우주의 크기와 오늘날 우주의 크기에 달렸다. 빛이 우리에게 도달하는 동안 우주가 어떻게 팽창했는지 모른다면 적색이동 측정값을 거리로 환산하기 어렵다는 것이 문제다. 여러 우주론 모형이 적색이동과 척도 인자 진화의 관계를 서로 다르게 예측하고 있다. 그렇기 때문에 이 관계를 실험적으로 알아내는 것이 우리가 우주론을 이해하는 데 아주 중요하다. 하지만 어려운 일이다.

우리는 에드윈 허블이 우주가 팽창하고 있다는 사실을 어떻게 처음 발견했는지 살펴봤다. 그는 베스토 슬라이퍼가 측정한 은하의 후퇴속도를 자신이 추정한 그 은하까지 실제 거리에 대한 그래프로 나타냈다. 이 그래프는 허블 다이어그램으로 알려졌다. 후퇴속도와 거리의 상관관계의 기울기는 허블 상수라고 하며, 단위 거리당 우주가 팽창하는 속도를 나타낸다. 허블 상수의 정확한 값에 대해서는 오늘날에도 논쟁이 있지만, 현재는 1,000,000pc(파섹)

당 70km/s로 측정된다(pc은 천문학자들이 즐겨 쓰는 거리 단위로, 1pc은 3광년 남짓이다).

허블이 처음 발표한 데이터는 팽창 속도가 일정함을 암시했다. 하지만 1920년대에는 망원경의 성능이 충분히 좋지 못하고 장비도 정교하지 못해, 주변 우주보다 훨씬 먼 곳을 관측하기에는 적합하지 않았다. 천문학자들은 그 후 한 세기 동안 이전보다 큰 망원경과 감도 좋은 카메라와 분광기를 만들어서 이 문제를 해결하기 위해 매진해왔다. 이제 우리는 우주의 역사에 걸쳐 보이는 은하의 적색이동을 측정할 수 있다.

광자를 충분히 많이 포집할 수 있다면 적색이동은 측정하기 매우 쉽다. 우선 멀리 떨어진 천체의 빛을 분산해서 스펙트럼을 만든다. 이렇게 하면 에너지에 따라 얼마나 많은 광자가 방출됐는지 알 수 있다. 그다음 여러 원소에서 일어나는 다양한 원자 전이atomic transition 에너지에 대한 지식을 이용해, 스펙트럼에서 관측된 특징적인 방출선의 파장과 지구 표면의 '정지된' 실험실에서 동일한 방출선을 측정할 때 얻을 파장을 비교하면 된다. 예를 들어 새로운 별이 형성되는 은하에는 이온화된 수소가 많은 경향이 있다. 이제 막 탄생한 무겁고 밝은 별은 자신을 탄생시킨 기체 구름에 자외선을 내뿜는다. 이 자외선은 기체에 있는 원자를 들뜨게 만들어, 전자를 더 높은 에너지 준위로 올리거나 전자를 원자에서 완전히 떼어내기도 한다. 이 전자들이 결국 원래의 에너지 준위로 돌아갈 때는 정확히 원자 전이 에너지에 해당하는 파장의 광자가 방출된다.

그중에서도 두드러지게 밝은 방출선을 H−α hydrogen-alpha 라고 한다. 정확히 656.28nm에서 나타나며, 별을 형성하는 은하의 스펙트럼에 바늘 같은 선으로 뚜렷이 보인다. H−α 선을 방출하는 기체 구름에 고정된 기준 좌표계 안에 있는 관찰자라면 이와 동일한 파장을 측정할 것이다. 하지만 멀리 떨어진 은하를 관측하는 경우에는 이 방출선이 적색이동 했을 것이다. 그 먼 은하는 우주 팽창과 함께 우리에게서 멀어지고 있으므로 당연히 우리의 기준 좌표계는 그 은하에 대해 정지하지 않으며, 우리의 기준 좌표계에서 이 방출선을 검출할 즈음에는 예를 들어 1,968.84nm로 적색이동 한 상태일 수도 있다. 우리는 H−α 파장 혹은 스펙트럼상의 다른 특징적인 방출선의 파장과 그것의 '정지계rest frame'에서 파장을 비교함으로써 광원이 얼마나 적색이동 했는지 알아낼 수 있다. 이런 방식으로 수천 개 은하의 적색이동을 측정하는 관측 탐사를 계획할 수 있다. 이들 '적색이동 탐사redshift survey'는 우주에 은하가 어떻게 분포됐는지 어느 정도 감을 잡을 수 있게 해준다. 그리고 적색이동에 따른 분포 특성을 비교함으로써 은하의 분포가 시간에 따라 어떻게 변화해왔는지 알 수 있다.

하지만 적색이동이 실제로 우리에게 알려주는 것은, 빛이 방출된 순간과 검출된 순간 사이의 우주의 상대적인 크기뿐임을 잊지 말아야 한다. 우리가 진짜로 측정하고 싶은 것은 천체까지 실제 거리다. 이는 훨씬 까다롭다.

어떤 것까지 거리는 실제로 어떻게 알까? 우리는 바리온 음파 진동에 내재된 '표준 척도'를 살펴봤다. 여러 적색이동에 대해 표준 척도의 크기를 측정할 수 있다면, 우주 팽창의 역사를 추적할 수 있을 것이다. 우리는 광도가 알려진 천체인 '표준광원'에 대해 이야기한 적이 있다. 표준광원의 고유 밝기와 거리의 제곱에 반비례해서 희미해지는 겉보기 밝기를 비교하면, 그 천체가 얼마나 멀리 떨어져 있는지 알아낼 수 있다. 표준광원은 허블이 1920년대에 우주 팽창을 처음으로 발견하는 데 핵심적인 역할을 했으며, 그때부터 3/4세기 후 우주가 **가속** 팽창하고 있음을 발견하는 데도 중요한 역할을 하고 있다.

안타깝게도 표준광원으로 신뢰할 수 있는 천체는 종류가 극히 드물다. 그렇게 사용되려면 명확하게 알려진 광도(매초 발산되는 에너지의 양)로 전자기복사를 발하는 광원이어야 하고, 천체가 다르더라도 이 광도 안에서는 편차가 거의 없어야 한다. 세페이드 변광성이 발산하는 평균 에너지는 변광 주기와 상관관계가 있어서, 그 주기를 광도 대용으로 사용할 수 있다. 유감스럽게도 우리 은하의 주변보다 먼 우주를 보고 싶다면 세페이드 변광성은 밝기가 너무 약하다. 대신 우리는 앞서 언급한 또 다른 표준광원인 Ia형 초신성에 의존한다. 이 천체는 광도가 아주 높아서 매우 멀리 떨어진 은하에 있어도 관측할 수 있다.

Ia형으로 분류되는 초신성은 두 별이 궤도를 이루며 서로 맴도는 쌍성계binary stellar system에서 생긴다. 두 별 중 하나가 생애 막바지에 이르러 중심부가 붕괴하면 백색왜성이 된다. 백색왜성은 주로 탄소와 산소로 구성되며 전자가 그득하다. 백색왜성이 안정된 까닭은 파울리의 배타원리, 즉 복수의 전자가 동일한 '양자 상태'에 놓이는 것을 막는 양자 효과 때문이다. 간단히 말해서 전자들이 서로 너무 가까이 밀집될 수 없는 것이 결과적으로 자체 중력에 따른 수축을 저지하는 일종의 압력처럼 작용한다는 뜻이다. 적어도 어느 시점까지는 그렇다.

홀로 방치된 백색왜성은 그 자리에서 오래오래 행복하게 살 수 있었을 터다. 옥에 티라면 짝꿍 별(동반성)이다. 바로 옆에 이웃한 이 별은 타오르는 기체로 구성된 커다란 공 뭉치로, 백색왜성과 가까이 있어서 백색왜성의 중력이 짝꿍의 외피에서 물질을 유입할 수 있을 정도다. 이 유입은 백색왜성의 질량을 늘리고, 결과적으로 중심핵의 밀도와 온도를 높인다. 백색왜성의 질량이 태양의 40% 이상이 되어 임계질량을 넘으면 극적인 일이 벌어진다. 중심핵의 온도가 높아져서 탄소와 산소의 원자핵이 갑자기 핵융합 반응을 일으키는 것이다. 이 과정에서 내부를 관통해 백색왜성을 폭발적으로 파괴할 만큼 충분한 에너지가 방출된다. 이것이 초신성이다.

초신성에서 방출되는 에너지가 몇 W나 되는지 숫자로 적어보고 싶다면 1 다음에 0을 44개 쓰면 된다. 이 에너지는 상당 부분 전자기복사의 형태를 띤다. 방출되는 광자가 얼마나 많은가 하면, 잠시 동안 초신성 하나가 그것을 품고 있는 은하보다 밝게 빛날 정도다. 초신성 폭발 후 며칠, 몇 주 동안 퍼지는 조각난 잔해는 폭발의 극단적 조건에서 생성된 새로운 원소의 방사성붕괴를 통해 계속 빛을 발한다. 잉걸불이 사그라지듯, 우리는 이 복사가 특유의 '광도 곡선'을 보이며 서서히 소멸하는 것을 관측할 수 있다.

모든 백색왜성은 동일한 임계질량에서 폭발을 일으키기 때문에, 모든 Ia형 초신성의 고유 밝기는 동일하다고 여겨진다. 폭발 당시 존재하는 질량의 크기와 열핵 폭발로 풀려나는 에너지의 양이 연관되기 때문이다. 이것이 Ia형 초신성이 표준광원으로 쓰이는 이유다.

우리 은하에서는 4~5세기마다 초신성이 폭발하는 것으로 예측된다. 어떤 은하라도 초신성의 폭발은 적어도 인간의 시간 척도로는 매우 드문 사건이다. 다행히 관측 가능한 우주 안에는 수천억 개 은하가 있어서, 새로운 초신성을 지속적으로 발견하려면 그저 엄청나게 많은 은하를 들여다보면 된다. 우리는 은하를 자주 추적·관찰함으로써 폭발이 있었음을 나타내는 새로운 점광원의 갑작스러운 등장을 찾아낼 수 있다. 그동안 단지 이 목적을 위한 관측이 많이 수행되어, 적색이동이 높은 먼 우주의 은하에서 Ia형 초신성이 폭발하는 모습이 많이 발견됐다.

1990년대 후반에 초기 버전보다 많이 업데이트된 허블 다이어그램에 고-적색이동 Ia형 초신성을 표시하자, 예상치 못한 그림이 나왔다. 고-적색이동 초신성의 밝기가 국지적 우주에서 들어맞는 허블의 법칙, 즉 등속 팽창을 우주의 진화 역사에 적용했을 때의 밝기보다 희미하게 나온 것이다. 표준광원으로서 초신성의 유효성을 신뢰한다면, 관측된 초신성은 우주의 등속 팽창에서 예측되는 거리보다 훨씬 멀리 있는 것이 분명했다. 이 관측은 우주의 팽창 속도가 일정하거나 감소하는 것이 아니라, 점점 빨라지고 있다는 증거다.

'암흑 에너지'가 실험을 통해 우주론 모형에 정착되는 순간이었다. '암흑 에너지'라는 이름은 가속을 추진하는 메커니즘에 붙인 것이다. 암흑 에너지는 우주론의 표준 모형에서 핵심적인 요소지만, 아직 물리학의 표준 모형으로 설명할 수 없다. 우리도 그게 뭔지 모른다.

우주론 모형에서 암흑 에너지는 그리스문자 Λ(람다)로 표기한다. 아인슈타인의 장 방정식에서 유래한 것이다. 장 방정식의 해解는 시공간에서 사건과 사건이 어떻게 떨어져 있는지 설명하는 메트릭으로 표현된다. 우리는 우주 전체에 대해서 공간 거리가 우주의 시간에 따라 결정되는 메트릭을 찾을 수 있고, 그 메트릭에는 우주 팽창의 역사가 함축되어 있다. 메트릭은 일반상대성이론과 우주론이 만나는 곳이다.

아인슈타인이 장 방정식을 유도해낸 것은 1920년 이전, 즉 허블이 우리가 팽창하는 우주에서 살고 있다는 것을 발표하기 전이다. 우주가 정적이라고 여겨지던 때다. 하지만 원래 장 방정식에서는 공간이 동적인 우주, 사실은 중력 때문에 수축하는 우주를 예견했다. 아인슈타인은 당시 대세였던 견해에 맞춰 자신의 방정식에 Λ라는 항을 넣었다. 이 항은 중력에 따른 붕괴를 저지하고, 정적인 우주를 가능하게 해줄 수학적 꼼수다. Λ는 '우주 상수cosmological constant'로 알려진다. 이후 적색이동 한 은하들에 의해 밝혀진 바와 같이 우주가 사실은 동적이라는 것이 관측되자, 아인슈타인은 이 수정을 두고 '일생일대의 실수'라고 말했다고 한다. 나중에 밝혀졌지만 우주 상수는 장 방정식에 필요한 항이다. 우주 상수가 있어서 우주의 가속 팽창을 설명하는 메트릭 해가 존재하기 때문이다.

프리드만–로버트슨–워커Friedmann-Robertson-Walker, FRW 메트릭은 장 방정식의 정확한 해로 밝혀진 메트릭이다. 이것은 우주가 거시적으로 균일하고 등방적이어야 한다는, 다시 말해 우주의 내용물이 상당히 균일하게 분포되고 모든 방향에서 동일하게 보여야 한다는 우주론의 기본 신조도 충족한다. 이 해에서 메트릭의 공간 성분이 시간에 따라 변할 수 있다는 것이 중요하다.

FRW 메트릭은 표준 우주론 모형의 토대다. 우리는 FRW 메트릭을 통해 척도 인자, 적색이동, 그 밖의 다른 물리량이 어떻게 진화하는지 함수적 형태로 유도할 수 있다. FRW 메트릭에는 우주 팽창의 역사가 완전히 기술되어 있다. 그러나 FRW 메트릭은 장 방정식을 충족하는 동시에, 우주의 물질 밀도와 우주 상수 Λ 같은 파라미터의 값에 좌우되는 여러 가지 진화 모형도 허용한다. 관측 우주론의 목표는 이런 파라미터의 정확한 값을 찾는 것이다.

파라미터를 알면 우리가 어떤 우주에 사는지 알고, 그 우주의 운명을 예측할 수 있다.

프리드만은 우주를 가득 채운 가상의 이상유체로 우주 팽창을 설명하는 데 메트릭을 이용할 수 있음을 보였다. 이 유체는 유체의 밀도와 압력의 관계를 수학적으로 설명한 이른바 상태방정식equation of state으로 나타낼 수 있다. 1990년대에 Ia형 초신성의 관측으로 우주의 가속 팽창이 발견됨에 따라 우주 상수 Λ가 0이 아님이 분명해졌다. 그것은 특정한 값이 있다. 프리드만 방정식에서 Λ가 양수일 때(현재까지 그렇다고 알려졌다) 놀라운 일이 벌어진다. 유체의 압력이 음negative이 되는 것이다. 이것이 뜻하는 바는 다음과 같다. 가속 팽창은 우주의 전체 에너지밀도에 기여하는 어떤 것에 의해 초래됐다고 할 수 있고, 유체는 그 어떤 것의 기여 때문에 음의 압력과 비슷한 효과(다시 말해 공간이 서로 떠미는 효과)가 있다. 우리는 아인슈타인이 추가한 이 에너지밀도의 원천이 무엇인지, 에너지밀도가 정확히 무엇인지 몰라서 암흑 에너지라고 부른다.

이제 우주의 에너지밀도가 대부분 정체불명의 암흑 에너지 형태였던 시기, 즉 우주에 '암흑 에너지가 우세했던' 시기를 살펴보자. 우리가 아는 한, 암흑 에너지는 우주의 팽창을 영원히 가속할 것이다. 관측 결과도 암울한 충격을 준다. 먼 우주에서 비롯된 빛은 점점 더 희미해지고 더 낮은 주파수로 적색이동 할 것이며, 중력의 영향으로 강하게 끌어당기지 않는 은하들의 거리는 영원히 증가할 것이다. 쓸쓸한 우주는 누구에게나 점점 더 어두워질 것이다.

이렇게 가속 팽창하는 우주에서는 거대 규모의 중력 퍼텐셜(시공간상의 광대한 굴곡)이 시간이 흐름에 따라 '쇠퇴'한다. 다시 고무판으로 비유해보자. 보이지 않는 수많은 손이 고무판의 가장자리를 팽팽하게 잡아당긴다면 고무판에 거대한 규모로 움푹 팬 부분이 편평해질 것이다. 우주 공간 속에 만들어진 질량이 가장 큰 구조, 거대 규모의 중력 우물에 암흑 에너지가 끼치는 효과가 이와 약간 비슷하다.

앞서 우리는 우주에서 중력으로 결속된 가장 거대한 천체인 은하단에 관해 살펴봤다. 은하단은 물질 밀도 장에서 밀도가 극도로 높고 희귀하지만, 우주 구조 서열 피라미드의 꼭대기에 있는 것은 아니다. 은하단 자체도 다른 은하단과 함께, 또 은하단 사이를 잇는 필라멘트, 이웃 은하군, 단일 은하와 무리 지어 초은하단supercluster이라는 거대한 구조를 형성할 수 있다. 우리와 가까운 우주에서 가장 유명한 초은하단은 그것을 발견한 천문학자 할로 섀플리Harlow Shapley(1885~1972)의 이름을 딴 섀플리 초은하단

Shapley Supercluster이다. 여기에는 1만여 개 은하가 있고, 질량은 태양의 1경(10^{16}) 배에 달한다. 상대적으로 물질 밀도가 희박해서 은하가 거의 없는 대규모 우주 공간도 있는데, 이를 초거대 빈 공간supervoid이라고 한다.

우리는 초은하단과 초거대 빈 공간을 시공간 얼개의 깎아지른 듯한 계곡과 구불구불한 언덕으로 생각해볼 수 있다. 우주 팽창이 가속함에 따라 암흑 에너지는 마치 구겨진 종이를 펴듯 이런 구조를 평평하게 펴려는 경향을 보일 것이다. 이렇게 거대한 규모에서는 우주의 팽창 속도보다 구조가 중력 수축되는 속도가 느리기 때문이다. 이런 구조는 너무나 거대해서 CMB 광자가 통과하려면 지극히 오랜 시간이 걸린다. 너무 오래 걸려서 횡단하는 사이에 우주 팽창 때문에 중력 우물이 얕아진다면 광자는 처음 그 구조 속으로 들어갈 때 얻은 에너지를 우물에서 나올 때 모두 쓸 필요가 없어진다. 이 말은 암흑 에너지가 우세한 우주에서는 초은하단이 있는 방향의 우주배경복사에 중력 청색이동이 일어날 것으로 예측된다는 뜻이다. 관측에 따르면 암흑 에너지에 의해 평평해진 초은하단을 빠져나오는 우주배경복사는 온도가 약간 더 높은 것으로 나타난다. 광자가 초거대 빈 공간에 들어가 얕아지고 있는 '중력 언덕'을 통과하는 경우라면 반대 현상이 일어난다. 다시 말해 광자는 빈 공간 속으로 들어가는 도중에 에너지를 잃는데, 나오는 도중에 그만큼 에너지를 만회하지 못한다. 들어갔다 나오는 사이에 언덕이 짓눌렸기 때문이다. 이 광자는 결과적으로 적색이동 하고, 초거대 빈 공간이 있는 방향의 우주배경복사는 온도가 약간 낮은 것으로 나타난다.

암흑 에너지가 우주의 일생에 영향을 미치기 시작한 것은 꽤 늦은 시기이기 때문에 이것을 **후기**late-time 통합된 작스-울프 효과라고 한다. 관측 측면에서 보면 직접적으로 통합된 작스-울프 효과를 높은 신뢰도로 측정하기란 매우 어렵다. 상당한 부피의 우주 공간을 관측하지 않으면 검출되지 않기 때문이다. 이를 위해서는 넓은 지역에 대한 우주배경복사 지도**와** 은하 분포에 대한 지식이 결합돼야 한다. 후자가 없으면 초은하단과 빈터가 어디 있는지 알기 어렵다. 더구나 이런 구조는 희귀하다. 가장 극단적인 우주 환경이기 때문에 관측 가능한 우주 속에 많이 존재할 수가 없다.

관측은 어렵지만 개인적으로 나는 통합된 작스-울프 효과가 바리온 음파 진동이나 초신성 관측보다 훨씬 매력적인 암흑 에너지의 탐사 도구라고 생각한다. 통합된 작스-울프 효과는 시간과 공간에서 우주의 규모 전체에 관해 말해준다. 우주론적 규모에서 보면 우주배경복사 광자는 느

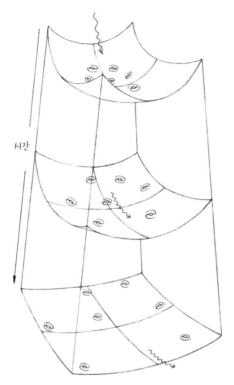

시간

통합된 작스–울프 효과
—

초은하단처럼 우주 거대 구조 속을 통과하는 CMB 광자는 중력 퍼텐셜 속으로 들어갈 때 중력 청색이동 하고, 빠져나올 때 중력적색이동 한다. 우주 공간의 가속 팽창을 주도하는 암흑 에너지는 광자가 중력 퍼텐셜을 가로지르는 동안 중력 퍼텐셜을 평평하게 만들 수 있다. 이는 광자가 중력 퍼텐셜 밖으로 나가는 경로에서는 중력 퍼텐셜 속으로 들어갈 때 얻은 만큼 에너지를 소비하지 않아도 된다는 뜻이다. 최종적으로 우리는 청색이동 한 광자를 검출하게 된다.

긋한 여행자다. 그들은 시공간이 우주 구조의 중력 진화와 함께 뒤틀리다가 암흑 에너지가 득세하면서 결국 조금씩 편평해지는 모습을 목격했고, 시공간이 서서히 들썩이며 가장 거대한 규모로 우리 우주의 이야기를 만들어낸 모습을 증언해준다. 그 메시지는 빛의 여정에 적혀 있다.

FIVE PHOTONS

다섯

우주의 등대, 블랙홀

이 책을 읽는 사람은 거의 모두 블랙홀에 관해 들어봤을 것이다. 일반 대중을 위한 천문학 강의를 할 때면 어김없이 블랙홀에 대한 질문이 나온다. 블랙홀을 언급하면 사람들이 주의를 집중한다. 그럴 만도 하다. 이름에서 미지의 세계 같은 분위기가 풍기니까. 사람들의 관심은 대부분 블랙홀의 강력한 중력장, 물질이 블랙홀 속으로 빨려 들어가면 우주에서 완전히 사라질 수도 있다는 이야기에 집중된다. 블랙홀이 우주에서 가장 강렬한 광원 일부에 동력을 공급해, 그들이 전체 은하보다 빛나게 할 수 있다는 사실은 상대적으로 잘 알려지지 않았다.

앞서 살펴보았듯 아인슈타인의 장 방정식으로 표현되는 일반상대성이론은 물질과 에너지밀도가 시공간을 어떻게 변형하는지 기술한다. 물체 주위 중력장의 세기는 시공간의 곡률로 생각할 수 있다. 아인슈타인이 장 방정식을 발표하고 얼마 지나지 않아 과학자들은 시공간이 다양한 가상의 물리적 상황에서 어떻게 변하는지 설명해줄 방정식의 '해'를 구하기 시작했다. 카를 슈바르츠실트Karl Schwarzschild(1873~1916)도 그중 한 사람이다. 그는 모든 질량이 점 하나에 응축된 물체가 있을 때, 그 주위 시공간이 어떤 특성을 가질지 연구했다. 그리고 이 경우 점에서 특정한 반지름에 방정식의 해가 무한대가 되는 특이점이 있다는 것을 보였다. 이를 슈바르츠실트 반지름이라고 하며, 이 반지름 안쪽으로 '특이점'이 존재한다.

슈바르츠실트 반지름은 중력이 작용하는 물체 주위에 보이지 않는 경계처럼 존재하는 가상의 구형 껍질로 정의된다. 이것은 특별한 성질이 있다. 경계 안쪽으로는 어떤 빛도 다시는 바깥 공간으로 빠져나갈 수 없다. 광자가 휜 시공간의 길을 따라 이동한다는 사실을 기억해보라. 그런데 슈바르츠실트 반지름 안에서는 곡률이 극단적으로 높다. 이는 무한대로 깊은 우물이 있는데, 꼭대기까지 오르려 해도 벽이 너무 가팔라서 타고 오를 수 없는 상황과 같다. 우리는 이 경계를 '사건의 지평선event horizon'이라고 부른다. 특이점이 있는 쪽을 관측한다 해도 사건의 지평선 너머는 볼 수 없고, 지평선 안쪽에 복사를 발하는 광원이 있다 해도 우리에게 도달할 수 없다. 그야말로 '검은 구멍

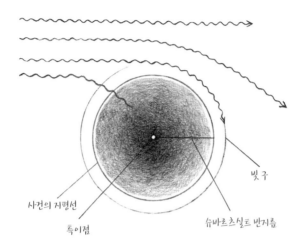

빛 구

사건의 지평선

특이점

슈바르츠실트 반지름

슈바르츠실트 반지름
—

슈바르츠실트 반지름은 구형 질량의 주위에서 아인슈타인의 장 방정식의 해가 무한대, 즉 특이점이 되는 경계를 의미한다. 이 경계선은 사건의 지평선을 정의하며, 그 안쪽으로는 시공간의 곡률이 극도로 심해서 빛이 빠져나올 수 없다. 사건의 지평선 안으로 블랙홀이 존재한다.

(블랙홀)'처럼 보이는 것이다. 이 신조어는 나중에 이 가상의 천체를 부르는 말이 됐다. 처음에 블랙홀은 여러 물리학적 상황에서 일반상대성이론이 미치는 영향을 탐구하려 한 이론적인 연구였다. 하지만 이런 물체가 정말로 자연에 존재할까?

블랙홀 같은 천체를 만들려면 중력 수축이 조금도 수그러들지 않고 계속되어 물질을 고밀도의 한 점으로 욱여넣어야 한다. 우주의 모든 질량에는 중력이 있고 중력은 언제나 '켜져on' 있으니 모든 거대한 천체는 자체적으로 중력 수축해서 여기저기 블랙홀을 만들어야 할 텐데, 왜 그렇지 않을까?

답은 중력 수축에 따른 붕괴를 저지하는 다른 힘에 있다. 별은 이 힘이 작용하는 현장을 보여주는 완벽한 예다. 별은 질량이 엄청나게 큰 천체지만, 수십억 년 동안 안정된 상태를 유지할 수 있다. 별은 빨리 블랙홀로 붕괴하지 않는다. 수소 연소의 결과로 발생한 열압과 복사압이 중력에 따른 수축을 저지하는 방향으로 작용하기 때문이다. '외부로' 향하는 힘과 '내부로' 향하는 힘이 평형을 이룬 별은, 중력 수축과 균형을 이룰 정도의 내부 압력을 충분히 생산하는 동안 붕괴하거나 폭발하지 않고 안정된 상태로 남을 수 있다. 연료가 고갈되기 시작하면 행복하던 이 평형도 무너져버린다.

앞서 우리는 어떤 별이 어떻게 생애 마지막에 중심핵이 붕괴해서 백색왜성이라는 밀집된 천체가 될 수 있는지 살펴봤다. 이 천체는 별 내부의 핵융합반응이 멈추고 바깥층은 우주 속으로 배출된 별의 잔해로, 탄소와 산소 같은 중원소로 구성된다. 이 고밀도 매질에는 전자가 들끓고 있다. 파울리의 배타원리에 따라 발생하는 전자 사이의 '축퇴압degeneracy pressure'이 백색왜성이 더는 붕괴하지 않도록 막아준다. 이 새로운 압력이 중력 수축을 저지하고, 백색왜성을 안정된 상태로 유지해준다. 우리의 태양도 지금부터 약 50억 년이 지나면 백색왜성이 될 운명이다.

하지만 모든 별이 이런 식으로 은퇴하는 것은 아니다. 질량이 태양의 10~30배 되는 별은 수명이 다하면 'Ⅱ형' 초신성으로 폭발하는 경향이 있다. 이 과정에서 질량이 대부분 성간 매질 속으로 격렬하게 분출되는데, 그 자리에는 고밀도의 핵도 남는다. 이 핵의 질량은 태양의 몇 배나 되지만 런던 광역권의 지름과 비슷한 천체 안에 들어 있다.

이런 천체는 전자 축퇴압을 이겨낼 수 있으나 **중성자** 축퇴압이라는 다른 압력과 맞닥뜨린다. 이 별의 잔해를 구성한 물질은 대부분 중성자, 즉 전자와 마찬가지로 파울리의 배타원리를 따르는 입자다. 우리는 이를 중성자별이라고 부른다. 중성자 축퇴압은 이전의 경우처럼 중력이 중성자를 가까이 응집하는 것을 막아서 중성자별을 지탱한다. 이 평형은 여기서도 어느 시점까지 유지된다. 원형별progenitor star의 질량이 한참 큰 경우에는 별이 죽은 뒤 남은 고밀도 잔해의 질량이 너무 커서 중성자 축퇴압으로도 지탱이 안 된다. 이 천체는 중력에 따른 붕괴를 막을 길이 없으므로 수축되어 특이점, 블랙홀이 된다. 우리는 우리 은하에서 백색왜성과 중성자별을 관측할 수 있다. 그렇다면 블랙홀은 어떨까?

자연에 존재하는 블랙홀로 알려진 대표적인 예로 시그너스Cygnus X-1이라는 천체가 있다. 이름에서 나타나듯 백조자리 쪽에 있는 천체로, 'X'는 X선을 방출하는 광원이라는 의미다. 여러분도 알다시피 X선은 에너지가 매우 높은 광자들이고, 보통은 극단적인 천체물리학적 환경과 관련이 있다. 시그너스 X-1의 경우, X선은 청색 초거성blue supergiant star에서 뿜어져 나오는 뜨거운 기체에서 발한다. 이 별은 쌍성계의 일부인데, 다른 한 별은 질량이 태양의 15배 정도 되는 밀집 천체compact object다. 이 두 천체는 6일마다 서로 맴돌며, 전체를 'X선 쌍성binary'이라고 한다. 밀집 천체는 또 다른 거대한 별이 생애 마지막에 블랙홀로 붕괴하며 생긴 잔해라고 여겨진다. 물론 블랙홀은 그 특성상

관측하기 매우 어렵다.[4] 하지만 시그너스 X−1은 동반성에 작용하는 중력의 영향(이것은 측정 가능하다)과 두 천체 사이 뜨거운 기체에서 방출되는 X선의 깜박임을 통해 블랙홀의 존재를 넌지시 드러낸다.

오랜 세월에 걸쳐 관측한 덕분에 지금 우리에게는 유력한 블랙홀 후보자 명단이 있다. 최근 이 분야는 흥분될 만큼 획기적으로 발전했다. 두 블랙홀이 합쳐지면서 발생하는 **중력**파를 검출할 수 있게 된 것이다. 중력파란 우주 속으로 퍼져 나가는 시공간의 뒤틀림(잔물결)으로, 일반상대성이론이 예견한 또 다른 현상이다. 두 블랙홀(혹은 중성자별처럼 질량이 높은 밀집 천체)이 병합할 때, 두 천체는 나선형으로 춤추듯 서로를 점점 더 빨리 맴돌다가 결국 합쳐지면서 하나가 된다. 두 천체의 춤과 점점 최고조에 이르는 움직임은 시공간에 잔물결 무늬를 일으키고, 이것은 멀리 우주 공간 속으로 퍼져 나간다. 두 천체가 병합된 이 새로운 블랙홀은 질량이 거대하지만, 두 천체의 질량을 합한 것과는 다르다. 쌍성계의 총 질량 중 일부는 중

---

[4] 2019년 4월, 사건 지평선 망원경(Event Horizon Telescope, EHT) 연구진이 M87의 중심부 블랙홀을 관측하는 데 성공했다고 발표했다. —옮긴이

력파로 발산된다.

이 잔물결이 지구를 지나갈 때는 주변 시공간에 우리가 검출할 수 있는 작은 왜곡을 일으킨다. 이 왜곡은 정확하게 조정된 측정 막대기 길이가 미세하게 변하는 것으로 나타난다. 우리는 이를 이용해 중력파 망원경을 만들 수 있다. 중력파 천문학이라는 새로운 영역은 우주를 이해하는 수단으로 완전히 새로운 감각을 연 것과 같을뿐더러, 블랙홀 병합이 공식적으로 관측됐다는 점에서 굉장한 흥분을 자아낸다. 중력파를 직접 검출한 실험이 2017년 노벨 물리학상을 수상한 것은 그 눈부신 발견이 그만큼 중요했기 때문이다.

우리는 아무리 관측하기 어려워도 블랙홀이 우주에 존재하는 천체라는 것을 확신한다. 사실 블랙홀은 꽤 흔하다. 모든 거대한 은하는 중심에 블랙홀이 있다는 것이 1990년대에 알려지면서, 블랙홀이 은하 형성에 중대한 역할을 하는 것이 밝혀졌다. 우리 은하도 예외는 아니다.

우리 은하의 중심은 남반구에서 보이는 궁수자리 방향에 있다. 우리 은하는 원반 모양인데, 중심부에는 달걀 프라이의 노른자처럼 별들로 구성된 팽대부bulge가 있다. 이 '노른자' 중심에 우리 은하의 블랙홀이 파묻혀 있다. 천문학자들은 은하의 형성과 초기 조건에서 진화를 처음 연구할 때부터 블랙홀 같은 천체가 존재할 것으로 예측했다. 우리는 블랙홀이 실제로 존재하는 것을 어떻게 알까?

가시광선 대역으로 이 부분을 찍는 것은 문제가 있다. 우리가 들여다보려는 곳이 별이 빽빽하고 성간 가스와 먼지가 가득 낀, 은하에서도 가장 밀도가 높은 지역이기 때문이다. 이 혼잡을 뚫고 관측할 수 있는 한 가지 방법은 가시광선보다 파장이 약간 긴 빛을 사용하는 것이다. 파장이 1~2μ인 근적외선 전자기복사에 민감한 카메라를 사용하면 이 난장판 사이로도 관측이 가능하다. 에너지가 약간 낮은 근적외선 광자는 가시광선 대역이나 파장이 더 짧은 광자보다 성간 먼지에 의해 흡수되거나 산란될 확률이 낮아서, 우리 시야를 가리는 먼지 구름을 더 쉽게 통과한다.

아직 다뤄야 할 상대가 남았다. 별이다. 우리 은하의 중심부는 수많은 별이 어수선하게 흩어져 있는 상태라, 나무 사이로 숲의 중심을 보듯 별 사이로 주의 깊게 봐야 한다. 우리는 앞에서 설명한 적응 제어 광학을 이용해 지구 대기에 따른 번짐 효과를 보정함으로써 이미지를 더 선명하게 만들 수 있다. 밝은 기준 별이나 강력한 레이저를 하늘에 쏘아 만든 밝은 점을 추적·관찰함으로써, 망원경의 반사경 모양을 재빨리 조정해 지구 대기가 입사광의 경로에 일으킨 왜곡을 줄일 수 있다. 번짐 현상 때문에 이미지 속에서 한데 섞인 듯 보이던 인접한 두 별이 갑자기 선명해지면서 분리된다. 이렇게 우리는 나무 사이를 관통해 숲의 중심을 볼 수 있다.

그렇다면 우리 은하 한가운데를 선명하게 찍으면 블랙홀의 증거를 조금이라도 볼 수 있을까? 한 번 슬쩍 보는 것으로는 불가능하다. 적어도 가시광선이나 근적외선 대역에서는 그렇다. 하지만 몇 년 기다렸다가 보고, 다시 보고, 또 보다 보면 놀라운 광경이 드러난다. 은하 중심에 있는 별 중 일부는 궤도를 그리며 움직이는 것처럼 보인다. 이 타원궤도는 보이지 않는 공통의 중심점을 초점으로 두고 있다. 그 보이지 않는 점이 블랙홀의 위치다. 보이지 않지만 주변 별에 작용하는 중력을 통해 자기 존재를 드러내는 것이다. 우리는 이런 별을 궁수자리Sagittarius A*('에이 별'로 발음한다)이라고 부른다. 별의 궤도를 분석해보면 이 보이지 않는 점에 질량이 얼마나 많은지 알 수 있다. 태양의 약 400만 배다. 우리는 이것을 '초거대 질량supermassive' 블랙홀로 분류한다.

다른 은하의 초거대 질량 블랙홀도 은하 중심부의 별과 기체의 움직임을 관찰해서 간접적으로 관측할 수 있고, 그 질량도 잴 수 있다. 우리 은하를 연구하듯 별들의 움직임을 시간에 따라 일일이 추적할 수는 없지만, 다른 은하의 별이나 기체의 종합적인 속력 **분포**도 측정할 수 있다.

우리는 다른 은하를 관측할 때 보통 수많은 별이 방출하는 빛을 한꺼번에 측정하게 된다. 은하 내에서 별이 다른 별에 대해 상대적으로 움직이는 경우, 흡수선(별의 대기에 특정한 에너지의 광자를 흡수할 수 있는 중원소가 있기 때문에 생긴다) 같은 스펙트럼의 특징은 도플러효과에 따라 적색이동이나 청색이동 할 것이다. 각각의 흡수선이 이동하는 크기는 별의 속도에 따라 다르며, 평균을 중심으로 양쪽으로 퍼진다. 어떤 별은 우리를 향해 움직이고, 어떤 별은 우리에게서 멀어질 테니 퍼지는 모양의 속력 분포가 나타날 것이다.

멀리 떨어진 은하에서 나온 빛을 스펙트럼으로 분산해보면, 예측대로 모든 별에서 동일한 흡수선 세트가 나타난다. 하지만 이런 흡수선은 모두 다른 별에서 비롯된 것이므로, 평균 주위로 각각 다른 크기로 도플러이동 해 우리의 스펙트럼에서는 한데 섞여버린다. 이로 인해 은하의 총 스펙트럼에서 보이는 '전체' 흡수선의 폭이 넓어진다. 이 폭은 주파수나 파장으로 측정되는데, 해당 은하 안에 있는 별들의 속력 분포 폭으로 변환할 수 있다. 우리는 은하 전체나 일부에 이 작업을 수행하여 별들의 운동에 대한 '지도'를 그릴 수 있다. 아주 먼 은하라도 가능하다.

초거대 질량 블랙홀처럼 질량이 크고 매우 밀집된 천체가 있으면 은하 중심부의 별과 기체의 속력 분포를 특정한 폭으로 퍼지게 만든다. 블랙홀 외에 은하 내부의 다른 운동으로는 설명할 수 없을 정도로, 블랙홀 가까이 존재하는 것들이 굉장히 빠르게 움직이는 것이 속도 분포에 나타나는 것이다. 이는 블랙홀이 존재한다는 표시뿐만 아니라 블랙홀의 질량을 가늠할 단서도 된다. 중심부 질량이 증가할수록 속도 분산도 커지기 때문이다. 다른 은하에 있는 블랙홀의 질량을 측정하는 한 가지 방법이기도 하다.

우리 은하의 초거대 질량 블랙홀은 거미집 한가운데 있는 거미처럼 별로 하는 일 없이 제자리에 있으면서 주변 별들과 가끔 지나가는 기체 구름에 중력을 작용할 뿐이다. 이를 '휴면quiescent' 상태라고 한다. 하지만 물질이 블랙홀로 끊임없이 '유입'되는 상황을 상상해보라. 이런 경우 무슨 일이 벌어질까? 물질을 흡입하는 블랙홀은 사실 그것을 품은 은하 전체보다 밝게 빛날 정도로 엄청난 에너지를 방출하는 우주의 등대가 될 수 있다. 그렇게 발산된 빛은 관측 가능한 우주 거의 전체에서 보인다.

1963년 캘리포니아의 팔로마천문대Palomar Observatory에서 일하던 천문학자 마르틴 슈미트Maarten Schmidt는 강한 전파를 방출하는 천체 3C 273을 관측했다. 가시광선 대역에서 찍은 이미지로는 광원이 별처럼 보였다. 분해되지 않은 밝은 점광원이었다. 그것이 별**이었다면** 그렇게 강한 전파원이 될 수 없었고, 게다가 우리 은하 안에 있어야 했다. 하지만 3C 273의 스펙트럼에서 주요 방출선은 광원이 가까운 우주에 있을 경우보다 훨씬 긴 파장에서 나타났다. 다시 말해 스펙트럼은 아주 많이 적색이동 한 상태였고, 이는 슈미트가 관측한 빛이 20억 광년이나 되는 지극히 멀리 떨어진 곳에서 오고 있다는 뜻이었다. 이로써 3C 273은 당시 가장 먼 거리에 있는 광원으로 알려졌고, 천체가 밝다는 것은 3C 273이 엄청난 에너지를 뿜어내고 있음을 암시했다.

3C 273과 같은 천체를 준성전파원quasi-stellar radio sources 혹은 '퀘이사quasar'라고 한다. 오늘날에도 퀘이사는 우주 심연을 탐사하는 데 가장 유용한 천체이며, 상대적으로 희미한 은하 가운데서 등대처럼 우주 전역을 비추고 있다.

퀘이사는 은하의 한 종류로, 중심부에서는 초거대 질량 블랙홀이 주변 물질을 활발히 흡수 혹은 천문학자의 용어로 '강착accreting' 하고 있다. 블랙홀은 안쪽 깊은 곳에 숨어 있는 기생충처럼 자신이 기생하는 모母 은하에서 성간 기체를 빨아들이며 질량을 키워간다. 물질이 사건의 지평선을 넘어 블랙홀로 들어가면 바로 사라지고 우주에서 없어지는 것 아니냐고 생각해도 무리가 아니다. 하지만 그렇게 간단하지 않다. 어마어마한 에너지를 발산하고 블랙홀, 더 정확히 말하면 그에 인접한 환경이 빛을 발하는 것은 물질이 블랙홀 속으로 떨어지면서 일어나는 강착 과정 때문이다.

내가 물 위 높은 곳의 다이빙대에 서 있다면 나는 이른바 중력 '퍼텐셜'에너지가 있다. 이 퍼텐셜에너지의 크기는 몸의 질량, 지구에 의한 중력가속도, 지면에서 높이를 곱한 값과 같다. 중력 퍼텐셜 우물의 '퍼텐셜'이 여기서 나온 명칭이다. 이 상황에서 중력은 지구 중심 쪽으로 나를 끌어당기지만, 내가 다이빙대를 딛고 있는 동안에는 동일한 힘이 나를 반대 방향으로 밀어 올려 내가 그 자리에 있을 수 있도록 해준다. 다이빙대에서 발을 떼는 순간, 나를 밀어 올리던 위쪽의 힘은 사라지고 중력이 물 쪽으로 가속하기 시작한다.

지표면 근처에서는 모든 물체가 중력에 의해 10m/s로 가속된다. 그러므로 1초 후에 나는 10m/s로 떨어지고, 2초 후에는 20m/s로 떨어지고, 이런 식으로 가속이 계속된다. 물에 가까워질수록 수면에서 높이가 감소하기 때문에 내 퍼텐셜에너지도 감소한다. 반면 운동에너지는 증가한다. 떨어지면서 허공을 가르는 속도가 점점 더 빨라지는 것이다. 따라서 퍼텐셜에너지는 운동에너지로 변환된다고 생각할 수 있다.

에너지가 변환되고, 한 형태에서 다른 형태로 에너지가 이동한다는 개념, 그로 인해 우주 안의 물체에 어떤 영향이 생기는지가 물리학의 토대를 상당 부분 이룬다. 에너지는 생성되거나 파괴될 수 없고, 단지 형태가 바뀌는 것이 기본 원칙이다.

그러면 내가 물에 부딪히고 속도가 줄어 멈추면 운동에너지를 잃는다는 결론이 나온다. 그게 어디로 가냐고? 이 경우 운동에너지는 물속에서 흩어진다. 나는 격렬히 물 분자를 주위로 밀어내고 튀기면서 내게 있던 에너지를 물 분자에게 넘겨준다. 물 한 방울 한 방울이 내 운동에너지를 조금씩 싣고 갈 테고, 결국 운동에너지가 점점 더 흩어져 없어지면서 물보라도 잦아들 것이다. 내가 입수한 지점에서 발생한 물결은 에너지를 가지고 퍼져 나간다. 이 에너지는 우주에서 사라진 게 아니라 수영장의 전체 물 분자에 희석된 것이다.

초거대 질량 블랙홀 주변의 물질 덩어리는 모두 중력 퍼텐셜에너지가 있다. 물질이 블랙홀로 유입되려면 이 퍼텐셜에너지를 잃어버려야 한다. 즉 다른 에너지 형태로 변환돼야 한다.

블랙홀은 중력으로 주변 물질을 끌어당길 수 있다. 그렇다고 물질이 블랙홀 쪽으로 직행하는 방사 방향으로 흘러들지는 않는다. 일반적으로 국지적 성간 매질은 전체적으로 회전한다. 예를 들어 우리 은하 같은 원반 은하disc galaxy에서는 원반 안의 기체가 은하 중심부를 돌고 있다. 고밀도 기체로 된 광대한 저수지가 중심 블랙홀을 둘러싸고 회전하는 은하도 있다.

궤도를 도는 천체의 동역학에서 기본 특징은 각운동량이다. 각운동량은 천체의 질량(말하자면 기체 구름 안에 원자가 얼마나 있는지)에 궤도의 반지름을 곱하고, 거기에 천체의 속력을 곱한 값으로 정의한다. 또 다른 기본적인 물리학 개념은 각운동량**보존**의 법칙이다. 기체 구름이 어떤 각속도로 블랙홀 주위를 도는데, 궤도의 반지름이 줄면 각운동량을 보존하기 위해 회전속도가 증가해야 한다. 피겨스케이팅 선수가 팔을 오므릴수록 점점 더 빨리 도는 이유도 각운동량이 보존돼야 한다는 동일한 원칙 때문이다.

집단적으로 각운동량이 있는 대량의 기체가 초거대 질량 블랙홀 주위에 존재하면, 궤도를 도는 물질이 블랙홀에 더 가까이 끌어당겨질 수 있다. 회전 반경이 줄어들면서 기체는 각운동량보존의 법칙에 따라 점점 더 빠른 속도로 돌고, '강착 원반accretion disc'을 형성한다. 회전하는 피자 도우와 비슷한 모양일 것이다. 우리의 광자가 나오는 곳이자, 초거대 질량 블랙홀이 빛을 발하기 시작하는 곳도 바로 이 강착 원반이다.

고밀도 강착 원반 내의 마찰력과 점성력은 기체를 점점 가열한다. 원반이 너무 뜨거워지면 고에너지 전자기복사를 방출하기 시작하며, 원반은 가시광선과 자외선 그리고 고주파수 광자인 X선으로 밝게 빛난다. 자신의 에너지를 외부로 '복사radiating'하는 것이다. 이 마찰력을 통해 블랙홀에 가장 인접한 기체의 각운동량이 원반 바깥쪽까지 이동한다. 그리고 강착 원반 안쪽에 있던 물질은 점점 블랙홀과 가까워지다가 사건의 지평선을 넘는다. 그러면 물질은 블랙홀 속으로 강착 된다. 이처럼 강착 과정은 중심 블랙홀의 질량을 늘리고, 그 과정에서 에너지를 방출한다.

강착 원반의 밝기(매초 발산되는 에너지)는 그것을 둘러싸는 은하에 존재하는 수십억 개 별 전체에서 나오는 별빛을 능가할 수 있다. 또 은하의 규모에 비해 강착 원반의 크기는 지구와 돌멩이를 비교하는 것처럼 매우 작기 때문에, 우리처럼 멀리 떨어진 곳에서 그 은하를 보는 외부 관찰자에게는 모든 에너지가 한 점에서 뿜어져 나오는 듯 보인다. 따라서 이런 식으로 중심 블랙홀이 물질을 닥치는 대로 먹어 치우는 은하는 마치 한 점광원이 빛을 발하는 것처럼 관측될 수 있다. 너무나 밝은 빛을 내기 때문에 그것

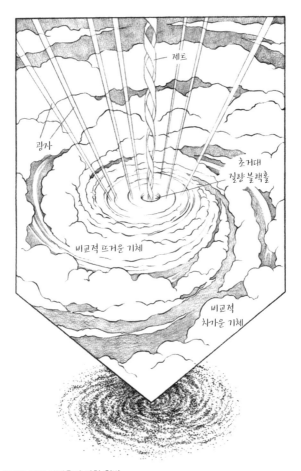

초거대 질량 블랙홀의 강착 원반
—
은하 중심의 초거대 질량 블랙홀이 성간 물질을 유입하면서 블랙홀 주위로 빠른
입자 제트와 강착 원반이 형성된다.

을 둘러싸는 '모' 은하를 전혀 알아볼 수 없는 경우도 많다.

너무나 밝기 때문에 우주 속 광대한 거리에서도 발견하기 쉬우므로, 우주에 퀘이사가 몇 개 있는지 알아내고 그 수가 시간에 따라 어떻게 변했는지 추적하는 일은 매우 간단하다. 우리는 퀘이사 전용 관측 탐사를 통해 퀘이사 활동의 절정기가 80억~100억 년 전이었다는 것을 꽤 오랫동안 알고 있었다. 이 시기는 은하에서 별 형성 활동이 절정을 이룬 시기와 일치한다. 별 형성을 통한 은하의 발달과 그 은하의 중심 블랙홀의 발달이 연결돼 있다는 단서다.

은하에서 별의 진화와 중심 블랙홀의 진화는 둘 다 비슷한 기본 레서피를 따른다는 점에서 분명 관련이 있다. 그 레서피란 연료(성간 기체)가 많을수록 활동도 활발하다는 것이다. 일반적으로 초기 우주에는 은하 안에 더 많은 기체가 있었다. 하지만 1990년대에 미묘하게 다른 그림이 등장했다. 천문학자들이 은하의 중심 블랙홀의 질량과 은하 내부 별들의 질량을 비교하자, 둘 사이에 밀접한 상관관계가 있음이 밝혀진 것이다. 처음에는 이 발견이 매우 직관적인 것처럼 보였다. 은하가 클수록 블랙홀도 크다, 말이 되지 않는가? 하지만 이것이 그렇게 명백한 일일까? 은하의 크기와 그 은하 안에 있는 블랙홀의 상대적인 크기를 생각해보면 꼭 그렇지도 않다. 블랙홀의 크기, 더 정확히 말해서 블랙홀 주변의 빛나는 '엔진'의 크기는 은하의 크기에 비해 턱없이 작다. 이 말은 별과 블랙홀이 어떻게든 물리적 과정에 따라 연관되지 않는 한, 별의 질량과 블랙홀의 질량이 꼭 그렇게 밀접한 상관관계가 있을 것은 없다는 뜻이다. 천체물리학자들은 궁금해졌다. 상대적으로 작디작은 블랙홀이 어떻게 그것을 둘러싼 은하 전체의 운명을 좌우할 수 있을까?

이에 대한 답은 퀘이사가 뿜어내는 강력한 에너지에 있다. 강착 원반은 전구처럼 빛을 내기만 하는 것이 아니라 원반 표면에 강력한 '바람wind'을 일으킬 수 있다. 이 일이 일어나는 한 가지 메커니즘은 복사압을 통해서다. 즉 광자가 원자나 분자에 부딪혀 운동량을 전달하는 것이다. 우리는 중력에 반해 유지되는 별의 중심핵과 초기 우주 때 생성된 바리온 음파 진동을 설명할 때 복사압을 살펴봤다. 광자는 질량이 없지만, 상대론에 따르면 복사에너지에 비례하는 운동량이 있다. 이 운동량은 우연히 광자의 경로상에 있게 된 물질의 입자에 전달된다. 예를 들어 은하 중심부의 기체나 먼지 같은 것이다. 훅 불어서 연기구름을 날려버리는 것처럼, 운동량 전달이 동력이 되어 성간 물질을 강착 원반에서 그 주위의 더 넓은 곳으로 또 은하 끝까지 내몰 수 있다.

퀘이사(혹은 초신성이나 별)가 에너지와 운동량을 주변 성간 매질로 옮기는 이 과정을 '피드백feedback'이라고 한다. 피드백이 은하에 줄 수 있는 영향은 두 가지다. 포지티브 피드백positive feedback은 기체 덩어리가 중력 수축해 붕괴하도록 촉발함으로써 새로운 별의 탄생을 야기할 수 있다. 이 일이 일어나는 한 가지 방법은 강착 원반에서 불어온 바람이 수소 분자 구름에 세게 부딪힐 때, 열과 기체 교란으로 에너지가 소산되는 것이다. 난류가 유입되면 구름에 밀도 요동이라는 잔물결이 생기고, 그중 일부가 충분히 커서 분열되기 시작하고 중력의 영향으로 붕괴되면 별 탄생의 불꽃을 점화할 수 있다. 홀로 있는 기체 구름이라면 별을 전혀 탄생시키지 않을 수도 있다.

포지티브 피드백이 기체 구름이 붕괴하게 만들어 별을 형성할 수 있다면, 별의 형성을 멈추게 하는 피드백도 있다. 이를 네거티브 피드백negative feedback이라고 한다. 은하 전체를 휩쓰는 퀘이사 바람이 불면, 제설차가 쌓인 눈 사이로 길을 내는 것처럼 성간 기체를 싹 쓸어버릴 수 있다. 극단적인 경우 이 기체가 은하에서 그 주변 우주 공간, 즉 은하 주변을 도는 매질circumgalactic medium로 쓸려 나갈 수 있다. 이처럼 은하 중심부에서 점점 발달하는 블랙홀의 피드백은, 계속 남아 있었다면 은하 깊은 곳에서 별이 됐을

지 모르는 기체를 제거함으로써 은하의 진화 전체에 커다란 영향을 줄 수 있다.

어느 때는 별의 형성이 짧은 시간에 완전히 억눌릴 수도 있다. 하지만 한 번 배출된 기체가 나중에 중력에 의해 분수처럼 은하 이곳저곳에 '비' 오듯 쏟아져 미래에 새로운 별을 형성할 수도 있다. 이처럼 기체가 뒤섞이고 다시 분포되는 것은 은하의 화학적 진화에 중대한 역할을 한다. 어떻게 보면 우리는 이 기체 재활용에 우리의 존재를 빚지고 있다. 기체가 재활용되는 덕분에 탄소나 산소 같은 중원소가 성간 매질 구석구석까지 잘 섞여 있기 때문이다. 피드백은 성간 기체를 휘젓고 혼합함으로써 은하 한쪽에 있던 별과 초신성에서 만들어진 원소가 멀리, 폭넓게 확산되도록 보장한다. 씨앗이 산들바람에 실려 퍼지는 것과 같은 이치다. 이런 원소는 아주 오랜 시간이 흐른 뒤, 우리 태양계를 닮은 새로운 태양계의 일부가 될 수도 있다.

퀘이사 피드백은 크기가 상대적으로 미미한 블랙홀이 은하 전역의 별 형성에 영향을 미칠 수 있는 메커니즘을 제공한다. 이는 주변 기체 구름의 중력 퍼텐셜에너지에서 풀려난 어마어마한 에너지 덕분이다. 물론 공격적인 퀘이사 피드백이 기체를 주위에서 제거해 블랙홀의 발달에 영향을 줄 수도 있다. 먹어 치울 가스가 없다면 강착 원반은 곧 없어지고, 퀘이사도 꺼질 테니까. 기체가 중력의 영향으로 블랙홀 부근으로 다시 떨어지거나, 은하의 역동적인 움직임 혹은 다른 은하와 충돌해 블랙홀 부근으로 옮겨진다면 퀘이사는 다시 켜질 수도 있다.

블랙홀과 블랙홀 주변의 은하는 강착과 피드백의 순환 과정을 통해 자기 조절self-regulation 상태에 고정된다. 조절되는 피드백이라는 이 개념은 우리가 지금 그리는 은하 진화 이론에서 중심이 되는 특성이다. 이것 없이는 은하 형성 모형과 시뮬레이션에서 오늘날 우리 주변에서 관측되는 은하의 분포를 올바로 재생산할 수 없다.

퀘이사에서 나오는 빛이 모 은하의 내부 구조에 상당한 영향을 미치는 것은 명백하다. 강착 원반에서 방출되는 광자는 대부분 은하 안에서 흩어지거나 흡수되어 결코 자기 은하를 벗어날 수 없다. 그럼에도 많은 퀘이사가 매우 밝게 빛나는 것은 은하를 탈출하여 우주를 여행하는 광자도 아주 많다는 뜻이다. 자기 은하를 떠난 광자 중 일부는 긴 여행 끝에 우리의 망원경에 도달한다.

멀리 떨어진 퀘이사와 우리 사이의 공간은 비어 있지 않고, 은하와 은하 간 기체 구름으로 차 있다. 그리고 퀘이사가 멀리 있을수록 광자는 이런 것과 더 많이 부딪혀야 한다. 우리는 오히려 이 점을 이용하여 그렇지 않았으면 보이지 않았을 우주의 물질을 발견할 수 있다.

퀘이사의 강착 원반도 전자기복사를 발하는 모든 광원과 마찬가지로 특유의 에너지 스펙트럼을 만들어낸다. 퀘이사 스펙트럼에서 보이는 주요 특징 중 하나는 강한 '연속' 복사다. 강착 원반에서 방출되는 광자의 에너지 범위가 X선부터 가시광선 대역, 그 너머까지 폭넓고 연속적이라는 뜻이다. 에너지가 매우 다양한 이 광자들은 강착 원반을 떠나고, 은하를 탈출하는 광자들은 은하 내부와 주변이 (대부분) 수소 기체로 장식된 우주 공간 속으로 여정을 내딛는다.

수소 원자는 거의 정확히 121.6nm 파장에 해당하는 매우 특정한 에너지가 있는 광자를 흡수할 수 있다. 양자역학에서 밝힌 바에 따르면, 전자가 머무는 에너지 '준위'는 불연속적이다. 마치 아파트에서 각각 다른 층에 거주하는 것과 같다. 한 층을 올라가면 에너지 준위도 올라간다. 파장이 121.6nm인 광자의 에너지는 1층('바닥상태')과 2층의 에너지 차이에 해당한다. 정확히 이 파장으로 입사하는 광자는 바닥상태에 있던 전자를 다음 에너지 준위로 전이시키면서 원자에 흡수된다. 이후 그렇게 전이된 들뜬 상태의 전자는 바닥상태로 되돌아올 수 있지만, 그러기 위해서는 정확히 동일한 에너지(즉 파장이 121.6nm인 광자)를 방출해야 한다.

수소의 바닥상태로 떨어지거나 바닥상태에서 올라가는 전자 전이를 '라이먼계열'이라 한다. 물리학자 시어도어 라이먼Theodore Lyman(1874~1954)의 이름을 딴 것이다. 라이먼은 20세기 초에 전압이 걸린 수소 기체의 스펙트럼에서 다양한 방출선이 나타나는 것을 발견했다. 각 방출선은 매우 특정한 색깔을 띠는데, 이는 다양한 전자 전이의 에너지 차이와 정확하게 일치한다. 파장이 121.6nm인 광자와 관련된 전이는 라이먼-알파라고 한다. 라이먼계열의 첫 번째 선이다.

퀘이사가 은하 간 매질 안 중성 수소 기체로 이뤄진 구름과 우연히 동일한 시선에 위치한 경우, 퀘이사에서 나온 광자 가운데 라이먼-알파 전이에 해당하는 에너지가 있는 광자 일부가 그 구름 속의 원자에 흡수될 수 있다. 퀘이사에서 나온 빛을 스펙트럼으로 분산해서 보면 빛의 넓고 연속된 스펙트럼에 구멍이 뚫린 것을 볼 수 있다. 빛이 우리에게 오는 도중에 만난 구름에 광자를 빼앗겨서 흡수선이 생긴 것이다. 중간에 구름이 있다는 말만 할 수 있는 것은 아니다. 스펙트럼에 나타난 구멍의 크기를 이용해서 구름에 있는 수소 원자의 개수를 추산하고, 그것으로 구름의 질량까지 알아낼 수도 있다.

멀리 떨어진 퀘이사에서 나온 빛과 중간에 위치한 기체 구름 모두 우주 팽창에 따른 적색이동의 영향을 받게 되어 있다. 그러므로 이곳 지구에서는 사실 흡수선이 121.6nm 파장에서 관측되지 않고, 중간에 있는 기체 구름의 위치에 해당하는 적색이동이 얼마인지에 따라 퀘이사 스펙트럼에서 더 긴 파장 쪽으로 이동해 나타난다. 게다가 우리와 퀘이사 사이에는 많은 구름이 각각 다양한 거리에, 즉 다양한 적색이동에 있을 수 있다. 이렇게 되면 퀘이사 스펙트럼이 라이먼-알파 흡수선 투성이가 될 수 있다. 각각의 흡수선은 우리와 퀘이사 사이의 각각 다른 중성 수소 구름에 해당한다. 이런 구름은 실에 꿰인 구슬처럼 시선에 띄엄띄엄 자리할 것이다. 멀리 있는 퀘이사일수록 중간에 끼어 있는 구름도 많을 것이므로 이런 흡수선이 더 많이 발견된다. 이를 '라이먼-알파 숲Lyman-alpha forest'이라고 한다. 퀘이사 스펙트럼에 흡수선으로 빽빽한 숲을 남기기 때문이다.

퀘이사는 우리에게 우주 공간을 관통하는 좁은 기둥을 따라 존재하는 물질의 분포라는 독특한 정보를 제공한다. 구름에는 별이나 여타 발광 물질이 많이 포함되지 않을 수 있기 때문에, 퀘이사는 퀘이사가 없었으면 관측하기 매우 어려웠을 물질(은하 간 수소 기체 구름intergalactic hydrogen gas clouds)을 드러나게 해준다. 대신 그 물질은 밝은 퀘이사를

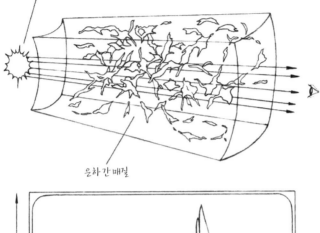

멀리 떨어진 퀘이사

은하 간 매질

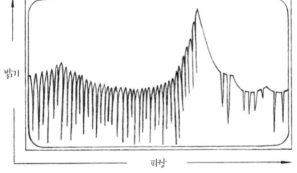

밝기

파장

라이먼−알파 숲

—

퀘이사 빛에 새겨진 라이먼−알파 숲. 은하 간 매질 속에 있는 중성 수소 기체 구름을 통과하면서 만들어진다.

배경으로 한 일종의 실루엣으로 관측된다. 라이먼–알파 숲은 높은 적색이동에서 밀도가 더 높으므로, 아주 먼 퀘이사의 스펙트럼에서 흡수선이 더 많이 보인다. 은하 간 기체는 결국 다른 은하로 강착 되거나 자체적으로 별을 형성하기 때문에 라이먼–알파 숲은 장대한 우주적 시간이 흐르면서 희미해진다. 이는 곧 퀘이사 탐사를 통한 라이먼–알파 숲의 '흡수선 연구'가 우주 시간에 따른 보통 바리온 물질의 진화를 탐구하는 훌륭한 방법임을 뜻한다.

전체적으로 보면 우리는 보통 물질이 우주의 질량–에너지 분포에 얼마나 기여하는지 꽤 잘 알고 있다. 전체의 5% 정도밖에 안 되는 아주 적은 양이다. 나머지는 암흑 물질과 암흑 에너지 형태로 존재하는 것으로 추정된다. 상대성 이론에서 질량과 에너지가 등가 관계이고, 아인슈타인의 장 방정식에서 '질량 밀도'와 '에너지밀도'가 모두 시공간의 곡률에 영향을 미치기 때문에 질량–에너지 분포에서 질량과 에너지는 함께 계산된다.

이제 보통 물질(원자나 그와 비슷한 물질) 5%가 어떻게 다양한 우주의 구성원(별, 먼지, 기체 등)으로 나뉘고, 이들 분포의 상대적 비율이 시간에 따라 어떻게 진화해왔는지 생각해보자. 별 같은 천체는 빛을 발하기 때문에 당연히 직접 관측할 수 있다. 그리고 별의 물리학에 대해 어느 정도 알고 있으므로 우리가 검출한 빛을 이용해 별의 질량을 추산해볼 수 있다. 초기 우주 은하에서 별과 성간 기체와 먼지에 있는 물질의 양을 모두 더하고 여기에 라이먼−알파 숲을 통해 밝혀진 은하 간 기체의 양을 합하면, 재결합 시대에 존재하던 보통 물질을 대부분 설명할 수 있다. 하지만 시간이 지나면서 이상한 일이 벌어진다. 그보다 후기의 우주에서 보통 물질(다시 말해 우리에게 도달하기까지 그다지 오래 걸리지 않은 빛을 발하는, 우리 주변의 우주에서 볼 수 있는 물질)을 들여다보면 그 총량이 예상보다 적다. 보통의 바리온 물질을 잃어버리기 시작하는 것이다.

원시우주의 바리온 비율을 바탕으로 추산한 국부 우주 안의 모든 보통 물질 중 1/3 정도는 어디 있는지 확인되지 않는다. 이는 빅뱅 때 만들어진 보통 물질 중 상당 부분이 지금 은하 안에 전혀 없거나, 우리의 검출을 비켜 가는 모종의 매질 속에 있다는 뜻이다. 그 물질이 우주 거대 구조라는 거미줄을 따라 꿈틀거리는, 은하를 둘러싼 매우 뜨거운 플라스마 안에 있다는 것이 최선의 추측이다. 이를 따뜻하고 뜨거운 은하 간 매질warm-hot intergalactic medium, WHIM이라고 한다.

우주 구조 형성의 시뮬레이션에 따르면, 초기 우주 때 은하 간 매질에 있던 기체는 대부분 은하까지 발달하지 못한 것으로 보인다. 대신 그런 기체는 원시 밀도 요동에서 발전한, 암흑 물질로 구성된 방대한 필라멘트 구조 속으로 강착 됐다. 중력에 따른 이 강착으로 기체는 에너지를 얻었고, 수십만 K까지 가열된 기체는 은하로 효율적인 강착이 어려울 만큼 지나치게 들떴다. 보통 기준에서는 기체가 엄청난 고온으로 가열된 것이 분명하지만, 안타깝게도 현재의 기기로 실제 검출할 수 있을 만큼 전자기복사를 풍부하게 방출할 정도로 뜨겁지는 않다. 전자기적 맹점이다.

기체가 예컨대 수천만 K 더 뜨거웠다면, 플라스마 속을 어지럽게 돌아다니는 전자들이 X선을 대량 방출하기 시작해 찬드라엑스선관측선 같은 X선망원경으로 관측할 수 있었을 것이다. X선을 이용해 뜨거운 은하 간 매질을 검출할 수 있는 곳도 있지만, 이는 은하단처럼 밀도가 매우 높은 환경에 국한된다. 은하단과 은하단을 연결하고, 은하들을 에워싸는 WHIM은 비교적 미지근하기 때문에 관측되지 않는다.

그렇다면 WHIM이 정말로 있다는 것을 어떻게 알까? 퀘이사가 우리를 도와준다. 중성 수소 기체 구름이 그 뒤쪽에 있는 퀘이사의 스펙트럼에 흡수선 자국을 남기는 것처럼, WHIM 안에 있는 원소도 동일한 일을 할 수 있다. WHIM의 기체는 충분히 뜨거워서 그 안에 있는 모든 원자가 매우 들뜬 상태다. 사실 이 원자들은 모두 심하게 이온화됐다. 아주 많은 전자가 원자에서 떨어져 나왔다는 뜻이다. 게다가 우리는 지금 수소만 가지고 이야기하는 것이 아니다. 이 기체는 태초의 순수한 상태가 아니라 수십억 년이 지나면서 만들어진 중원소로 오염됐다. 이 원소들은 별이 형성되는 동안 만들어지기도 했고, 필라멘트 모양 은하 간 매질 속에 파묻힌 은하에서 앞서 설명한 피드백과 동일한 과정을 통해 배출됐다. 우리는 이 오염원을 따뜻한 기체를 추적하는 수단으로 이용할 수 있다.

이런 원소 중 하나가 산소다. 일반적인 중성 산소 원자는 전자 8개가 각각 다른 에너지 준위에 머문 채 핵을 둘러싸고 있다. 가장 바깥쪽에 있는 전자를 떼어내는 데 에너지가 조금 필요하고, 그다음 전자를 떼어내는 데는 그보다 많은 에너지가, 그다음 것은 전보다 많은 에너지가 필요한 식이다. 기본적으로 전자가 핵에 가까울수록 양성자가 끌어당기는 힘이 세므로 떼어내기도 어렵다.

WHIM에서는 전자가 대부분 산소 원자에서 떨어져 나갈 만큼 에너지가 충분히 높다. 그 결과 생긴 산소 이온도 여전히 광자를 흡수할 수 있지만, 이 일은 그에 상응하는 높은 에너지에서 일어난다. 다시 말해 퀘이사 스펙트럼에서, 이온화된 산소의 흡수선은 라이먼-알파 흡수선보다 훨씬 높은 주파수에서 나타난다. WHIM에서 이온화된 원소와 관련된 흡수선은 보통 고에너지 자외선 대역에서도 높은 주파수 쪽에 있거나, X선 대역까지 올라간다. 다행히 어떤 퀘이사는 이렇게 높은 주파수에서도 매우 밝아서 이 흡수선들을 검출할 수 있다.

하지만 우리는 어렴풋이 감지할 뿐이다. 마치 빛이 들어오도록 군데군데 구멍을 뚫어놓은 상자 내부에서 바깥의 아름다운 풍경을 그리려고 애쓰는 것과 같다. 우리가 볼 수 있는 것은 배경 퀘이사로 이어지는 시선에 위치한 기체뿐이다. 상대적으로 적은 이 밝은 퀘이사 앞에 밀도 높은 WHIM 기체 덩어리가 관측하기 알맞은 정도로 있어야 한다. 이렇게 운 좋은 시선은 결코 많지 않다. 우리가 거의 모든 전자기복사를 다루는 데 통달했고 계속해서 광자를 포집·검출·기록하는 기술을 고안하고 있지만, WHIM은 여전히 물질 우주에서 어두운 부분이다.

우주의 보통 물질(여러분과 나를 구성하는 것과 동일한 기본 물질) 가운데 상당 부분이 이 WHIM에 포함된다는 사실은 우리에게 생각할 거리를 준다. 인간은 물론 우주 어디선가 존재한 적 있고 지각력이 있는 모든 생명체의 총합은, 우주의 미미하고 보잘것없는 구성원인 동시에 아마도 우주의 가장 복잡한 산물일 것이다. 이는 우리가 사는 우주를 이해하는 데 우리가 많은 것을 이뤘음에도 아직 알아야 할 것이 훨씬 많음을 상기시킨다. 우리가 볼 수 없는 것이 너무나 많다.

FIVE PHOTONS

여섯

우주의 새벽에서 온
전파

이제 우리는 천체물리학의 최전선에 와 있다. 천체물리학의 궁극적 목표 가운데 하나는 최초의 별이 최초의 은하에서 타오르던 우주의 새벽에서 방출된 빛을 관측하는 것이다. 우리는 아직 거기까지 달성하지 못했다. 지금까지 검출한 가장 먼 은하에서 온 빛은 130억 년 이상 걸려서 우리에게 도달한 것이다. 우리는 이 빛을 빅뱅 이후 수억 년밖에 되지 않았을 때의 상태대로 관측한다. 최초의 은하 가운데서 나온 빛이 분명하다. 하지만 우리는 우주를 더 깊이 들여다볼수록, 우주의 역사를 더 거슬러 올라갈수록 더 많은 은하를 발견하리라고 확신한다. 찾아내기 어려울 뿐이다. 우리의 진정한 관심사는 '언제 은하 관측을 **그만둘까**' 하는 것이다.

왜 이것을 중요하게 여길까? 관측 측면에서 '우주의 새벽'은 은하 형성 이야기에서 누락된 장이며, 우주에 대한 우리의 실험적 이해에 불충분한 점이 상당히 있음을 상징한다.

우리는 우주의 주요 구성 요소인 암흑 물질과 암흑 에너지를 완전히 이해하지는 못해도, 우주가 무엇으로 구성됐고 어떻게 진화해왔는지 꽤 잘 알고 있다. 우주가 어떻게 존재하게 됐는지는 몰라도, 은하가 형성되기 전에 우주를 지배하던 환경이 어떤 것이었는지 알고 있다. 은하의 천체물리학에 대해 알아야 할 상세한 사항이 아직 많지만, 우리는 은하가 우주의 역사 거의 모든 시간에 걸쳐 서서히 진화했다는 것을 정확히 알아냈다. 하지만 재결합 시대에 수소 원자가 형성된 시기와 최초의 별이 폭발한 시기 사이는 진정한 미지의 영역이다. 이 기간을 암흑시대Dark Age라고 부른다.

우리는 최초의 별이 폭발하고 퀘이사가 켜졌을 때 중요한 전이가 일어났다는 것을 알고 있다. 재결합 때 형성된 수소 기체의 전기적으로 중성인 어두운 바다는 최초의 은하에서 발하는 전자기복사에 의해 내부에서 빛이 비춰졌다. 물론 이런 광원이 형성된 원인은 수소다. 우주 전역에 퍼져 있는 물질 덩어리이자, 우주가 시작된 초기에 양자 규모의 밀도 요동으로 새겨진 거대한 패턴에 자리 잡은 씨앗 속으로 수소가 흘러들어 광원이 형성된 것이다.

최초의 별에서는 자외선 광자가 끊임없이 흘러나왔다. 수소의 결합에너지보다 에너지가 높은 일부 광자는 주변 원자와 충돌하며 원자에서 전자를 떼어냈다. 중성 수소 원자가 이온화됐고, 빛이 전염병처럼 퍼져 나갔다. 새로운 별마다 이온화된 기체가 거대한 기포처럼 별을 에워싸듯 퍼졌고, 광자가 발원지에서 어두운 우주 공간 속으로 내달리며 그 기포는 통제 불능의 세포 조직처럼 점점 커졌다. 결국 은하 간 매질 속에 있던 중성 수소 원자는 거의 모두 이온화됐다. 우리는 이 시기를 재이온화 시대라고 한다. 우주 안에 있는 보통 물질이 재결합 시대 이전처럼 거의 완전히 이온화된 상태로 돌아갔기 때문이다.

재이온화에 책임이 있는 별과 은하를 발견하지 않아도, 우리에게는 이 전이가 일어난 시기를 제한할 수 있는 합리적인 관측이 있다. 정의상 재이온화는 수소 원자에서 풀려난 자유전자 집단을 생성한다. 재이온화 시대가 시작될 때 이 전자들의 평균 우주 밀도, 다시 말해 $1m^3$ 우주 공간에 통상적으로 들어 있는 입자의 개수는 자유전자의 생산율과 최초의 별이 켜졌던 시점의 우주의 크기에 따라 결정된다. 결국 시간이 흐름에 따라 모든 전자가 자유로워지고 우주는 계속 팽창해, 전자의 평균 밀도가 감소한다.

재이온화 시기 동안 자유전자가 출현한다는 것은 우주

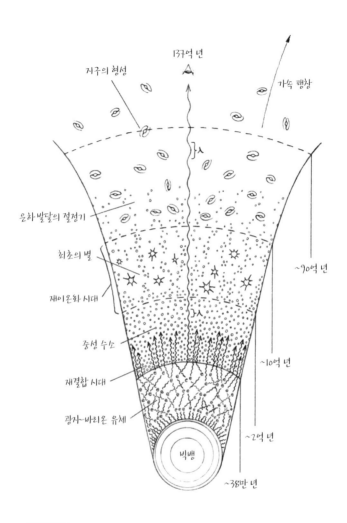

우주의 역사

가 CMB 광자에 대해 완전히 투명하지는 않다는 의미다. CMB 광자 중 일부는 이제 막 생성된 자유전자 집단과 상호작용을 일으킨다. 그보다 앞서 이 자유전자들은 재결합 시대와 마찬가지로 자신들 사이를 통과하는 CMB 광자에 의해 산란 된다. 이는 중요한 영향으로 작용해 본래의 CMB 신호를 살짝 선팅이 된 창문을 통해서 보는 것과 유사한 결과를 낳는다. 이 때문에 CMB 온도의 비등방성 파워 스펙트럼(CMB에서 관측되는 온도 변동의 분포)의 크기는 전자 없는 투명한 시선에서 예측된 값보다 약간 떨어지는 것으로 관측된다. 시선이 약간 불투명한 것이다.

WMAP와 플랑크 위성의 CMB 관측으로 이 불투명도의 범위가 제한된 덕분에 우리는 재이온화가 언제 시작됐는지 추측할 수 있다. 현재의 데이터는 빅뱅 이후 늦어도 수억 년이 지났을 때 재이온화가 시작됐음을 시사한다. 이것은 우리가 현재 볼 수 있는 가장 먼 은하가 빛을 방출한 시기와 비슷하다. 하지만 이보다 이른 시기(어쩌면 빅뱅 이후 1억 년 이내)라도 발생 초기의 별과 은하가 재이온화에 기여했을 가능성이 높다.

적색이동이 낮은(즉 비교적 후기) 우주에서 발견되는 대량의 은하와 퀘이사 샘플을 분석한 결과, 재이온화는 빅뱅 이후 약 10억 년 이내까지 완료됐어야 하는 것으로 밝혀졌다. 이렇게 판단할 수 있는 이유는 은하 간 매질 속에 아직 중성 수소가 많다면 은하와 퀘이사에서 방출된 자외선 광자가 쉽게 흡수될 텐데, 실제로 촘촘한 라이먼-알파 숲에서 이대로 관측되기 때문이다. 재이온화가 완료된 후 우주는 대다수 전자기복사 형태에 거의 완전히 투명해졌다.

따라서 재이온화 시대가 약 10억 년에 걸친 기간이라고 상상해도 좋다. 봄기운과 함께 꽃망울이 터지듯, 이 기간 동안 최초의 별과 은하에 불이 붙으면서 우주는 서서히 빛에 휩싸였다. 1세대 별은 지금까지 관측해온 모든 은하의 별과 매우 달랐던 것으로 여겨진다. 이 최초의 별은 질량이 태양의 수백 배에 달할 정도로 오늘날 대다수 별보다 훨씬 무겁게 태어났다는 것이 가장 놀랍다. 밝기도 그만큼 아주 밝다. 혼란스러운 이름이지만 이 별들을 '종족Population III' 항성이라고 한다. 천문학 명명법의 또 다른 안타까운 예다. 최선을 다해 설명해보겠다.

천문학자들이 우리 은하는 물론 다른 은하에서 별을 관찰하기 시작했을 때, 그들은 별이 다양한 특성이 있고 각각 다른 '종족'으로 분류할 수 있다는 것을 알게 됐다. 더욱이 서로 다른 이 종족은 은하 원반에서 각각 특정한 부분에 거주하는 것처럼 보였다.

별의 가장 중요한 특성에는 색과 광도 외에도, 별에 함유된 '금속'의 양 혹은 별의 금속 함량이 있다. 천체물리학자에게 수소와 헬륨보다 무거운 원소(양성자와 중성자가 더 많은 원소)는 모두 금속으로 통한다. 빅뱅 직후 핵 합성 시기 동안 형성되지 않은 원소를 정말 게으른 방식으로 통칭하고 있다. 다른 원소는 대부분 별이 진화하는 동안 별 안에서 형성되거나, 초신성의 폭발 혹은 다른 폭발적인 활동에서 나오는 분출물 안에서 만들어진다. 예를 들어 금은 두 중성자별이 병합되면서 형성될 수 있다.

별의 스펙트럼을 살펴보면 보통 무지개 같은 빛의 연속체 안에 좁고 어두운 선을 발견할 수 있다. 이런 선은 광자가 별의 대기에 있는 원소에 흡수되어 나타난다. 모든 원소는 양성자와 중성자, 전자 수가 각각 다르며, 각 원소는 원자 안에서 일어나는 다양한 양자 에너지 전이에 해당하는 아주 특정한 에너지를 갖는 광자를 흡수할 수 있다. 이 에너지 값은 다양하고 불연속적이다. 각각 다른 원소에서 발생한 흡수선을 모두 합하면 흡수선이 바코드처럼 보이는 별의 스펙트럼을 얻게 되고, 우리는 이것을 이용해 별의 대기에 어떤 원소가 존재하는지(탄소, 마그네슘, 칼슘 등) 알 수 있다. 이는 별을 분류하는 또 다른 방식이 되기도 한다.

천문학자들은 우리 은하 중심 팽대부 안에 있는 별은 원반에 위치한 태양 같은 별보다 금속 함량이 적고, 일반적으로 온도도 낮다는 것을 금방 알아챘다. 이 말은 팽대부 별이 원반 별보다 평균적으로 나이가 많다는 뜻이다. 팽대부 구성원 가운데 더 무겁고 뜨거운 별은 수명이 짧아서 오래전에 죽었고, 그 결과 비교적 질량이 적고 온도도 낮으며 수명이 긴 별만 남았기 때문이다. 이는 팽대부 별이 우주의 역사에서 일반적으로 더 일찍 형성됐다(즉 금속 함량이 비교적 적은 수소 기체의 구름에서 탄생했다)는 뜻도 된다. 금속은 별이 진화하는 동안과 별의 폭발, 별 잔해의 충돌에 의해서 만들어질 수 있다. 성간 매질에 금속이 쌓이려면 시간이 걸리기 때문에 우주의 역사를 거슬러 올라갈수록 금속의 양이 더 적을 수밖에 없다.

이와 대조적으로 여러 원소로 '오염된'(더 정중한 용어로 쓰면 '풍부한') 기체 구름에서 태어난 신세대 별은 금속 함량이 더 높은 경향이 있다. 이 원소는 이전 세대의 별에서 나온 것으로, 성간 기체의 잦은 교란 활동의 일부로 은하 전반에 퍼졌다. 태양도 이런 별 가운데 하나로, 우리 태양계는 이전 세대 별과 초신성 덕분에 여러 원소로 풍부해진 수소 기체 구름에서 형성됐다. 이 원소 중 일부가 태양에도 들어있고 일부는 뭉쳐져서 행성과 인간을 구성했다.

태양처럼 비교적 젊고 금속이 풍부한 별을 종족 I 항성이라고 한다. 팽대부에 있는 더 늙고 금속도 적은 별은 종족 II 항성이다. 첫 세대 별은 아직 중원소가 풍부하지 않은, 다른 말로 표현하면 우주론적으로 '원시 그대로인' 기체에서 형성됐다. 그러므로 최초의 별에는 금속이 포함될 수가 없다. 예의 천문학 명명법에 맞게 이런 별은 종족 III 항성이라고 부른다.

원시 기체 구름에 금속이 부족했기 때문에 종족 III 항성은 오늘날의 종족 I 항성과 종족 II 항성보다 질량이 훨씬 큰 천체가 될 수 있었다. 알다시피 별이 형성되려면 기체 구름이 '냉각'되어 기체가 자체 중력으로 수축하는 덩어리로 잘게 분열될 수 있어야 한다. 이 덩어리는 중력에 의해 붕괴하고 핵반응을 일으키기 시작한다. 냉각이란 기체 구름 안의 원자나 분자에서 열에너지가 없어졌다는 뜻이고, 그렇게 되는 한 가지 방법은 입자가 광자를 방출하는 것이다. 예를 들어 원자는 전자가 들뜬 양자 상태 사이에서 전이할 때 광자를 방출할 수 있는데, 이 반응은 구름 안에 있는 원자가 충돌함으로써 촉발될 수 있다. 광자는 이 열에너지를 우주 공간으로 실어 나르고, 구름은 냉각된다.

원소마다 정해진 에너지 전이에서도 복사에 따른 냉각은 특정한 조건을 만족시키는 환경에 한해서 일어나는 경향이 있으며, 그 조건은 대개 주변 기체의 국지적 밀도와 온도에 따라 결정된다. 하지만 여러 원소가 수소와 혼합되면 기체 구름이 에너지를 발산할 가능성이 훨씬 더 높다. 원자가 광자를 방출해 기체 구름을 냉각할 방법이 더 많기 때문이다.

냉각이 무엇인지 알고 싶다면 높은 책장을 비우려고 애쓰는 모습을 상상해보라. 팔이 닿는 곳에 있는 책은 혼자서도 빼낼 수 있다. 하지만 맨 아래 칸에 있는 책을 꺼내려면 몸을 굽혀서 팔을 뻗어야 하고, 높은 칸에 있는 책에는 손이 닿지 않는다. 친구들이 와서 도우면 키가 큰 사람도 있고 작은 사람도 있을 테니, 함께 일하면서 책장을 빨리 비울 수 있다. 다시 말해 기체 구름은 금속으로 오염됐을 때 훨씬 더 효율적으로 냉각될 수 있다. 아주 초기 우주에 존재하던 기체처럼 금속이 없는 기체는 빨리 냉각될 수 없다. 그 결과 기체 구름은 비교적 큰 덩어리로 분열하는 경향을 띤다. 파편화된 덩어리는 자체 중력에 따라 각각 매우 무거운 별로 발달한다.

이런 별은 질량이 거대하지만, 기체가 금방 연소되어 수명이 짧다. 어떤 별은 짧은 생애의 마지막에 초신성으로 폭발해 자신이 만든 새로운 원소를 퍼뜨린다. 어떤 별은 수명이 다하면서 곧바로 블랙홀로 붕괴하기도 한다. 이는 은하 중심부 초거대 질량 블랙홀의 기원에 대한 이론 중 하나다. 최초의 은하 안에 종족 Ⅲ 항성이 낳은 적당히 무거운 블랙홀이 다수 있었다면 블랙홀이 서로 병합하면서 더 큰 블랙홀이 형성됐을 수도 있다. 시간이 지나면서 더 많은 병합을 거치며 이 블랙홀은 점점 더 커졌을 테고, 최종적으로 젊은 은하의 퍼텐셜 우물의 밑바닥(은하 중심부)으로 가라앉았을 것이다.

개별 은하도 서로 충분히 가까운 거리에 있으면 합쳐져서 한 계를 만들 수 있다. 결국에는 각 은하의 중심에 있던 블랙홀이 병합해 더 큰 블랙홀로 자랄 것이다. 우리도 알다시피 은하의 중심 블랙홀은 주기적으로 성간 물질을 유입하기도 하며, 퀘이사로서 빛을 내기도 한다. 시간이 흐르면 조개 속의 진주처럼 초거대 질량 블랙홀이 자라난다.

물론 이 시나리오는 아직까지 추측이다. 지금은 종족 Ⅲ 항성과 원시 블랙홀을 직접 관측하는 것이 불가능하지만, 아주 먼 은하에 잔존한 종족 Ⅲ 항성의 흔적을 관측할 수 있는 단계까지 거의 다 왔다. 또 최초 블랙홀의 드물지 않은 병합 활동은 중력파라는 불협화음을 발생시켜서 중력파 '배경' 복사를 생성한다. 이제 우리는 중력파를 직접 검출할 수 있으니, 중력파 배경 복사도 관측할 수 있을 것이다.

따라서 종족 Ⅲ 항성은 초기 우주에서 실제로 재이온화를 '일으킨' 요인이 되는 광원 중 일부였을 수 있다. 직접적인 관측은 어렵지만, 재이온화 과정을 연구할 또 다른 방법이 있다. 최초의 별과 퀘이사의 빛을 이용하는 것이 아니라, 중성 수소 기체에서 발산된 전자기복사를 이용하는 것이다. 그동안 접한 많은 천체물리학적 과정처럼 우리는 거대한 우주적 문제를 다루지만, 이 빛이 어떻게 방출되는지 설명하기 위해 가장 작은 물리학인 양자역학에 의존한다.

고전역학에서 그리는 원자의 모습은 강한 핵력으로 결합된 양성자와 중성자가 중심부의 밀도 높은 핵을 이루는 것이다. 음전하를 띠는 가벼운 전자는 양전하를 띠는 핵의 인력을 받아서 마치 조그마한 태양계에서 행성이 돌듯 핵 주위 궤도를 돈다. 이런 그림으로 시작하는 것도 나쁘지 않지만 양자물리학은 원자의 구조, 특히 핵 주위 전자의 분포에 훨씬 더 나은 그림을 제공한다.

전자는 핵 주위에 아무렇게나 분포된 것이 아니라 불연속적으로 증가하는 에너지 준위에 거주한다. 에너지 준위가 껍질 여러 겹으로 핵 주위에 존재한다고 보면 된다. 전자는 광자라는 형태로 에너지를 흡수하거나 방출하면서 에너지 준위 사이에 전이를 일으킬 수 있다. 그 광자의 에너지는 원래 머무르던 에너지 준위와 옮겨 간 에너지 준위의 차이와 일치한다. 하지만 전자는 어떤 별을 중심으로 반지름이 서로 다른 궤도를 도는 행성과 다르다. 앞에 살

퍼봤듯이 양자의 신기한 점은 전자가 공간의 어떤 정해진 지점에 있는 독립체가 아니라는 것이다. 양자 입자는 관찰되기 전에는 어떤 곳에 있을 **확률**이 얼마간 있을 뿐이다. 시간과 공간상의 이 확률 분포는 파동함수로 표현된다. 이는 핵 주위 다양한 에너지 준위에 거주하는 전자를 개별적인 입자가 아니라 경계가 불분명한 구름으로 볼 수 있다는 뜻이다. 구름의 모양과 밀도가 전자가 있을 가능성이 가장 높은 위치를 결정한다.

펜 끝으로 펜을 세워놓으면 자꾸 쓰러지는 경향이 있는 것처럼 전자도 궁극적으로 가장 낮은 에너지 상태를 찾아가려고 한다. 원자 주위의 전자도 모두 광자를 방출하고 가장 낮은 에너지 껍질에 가서 쌓여야 할 텐데, 그렇지 않은 까닭은 무엇일까? 답은 우리가 살펴본 파울리의 배타원리, 즉 두 '페르미 입자'(전자는 페르미 입자다)가 동일한 양자 상태에 있을 수 없다는 양자물리학의 기본 규칙에 있다. 백색왜성과 중성자별을 지탱하는 축퇴압의 원인이 된 파울리의 배타원리다. 원자의 양자 상태 중 하나가 채워지면 다른 전자는 그 양자 상태를 침범할 수 없다. 그렇기 때문에 높은 에너지 껍질에 있는 전자가 마음대로 낮은 에너지로 전이할 수 없는 것이다.

양자 상태는 입자의 관측 가능한 몇 가지 특성으로 정의

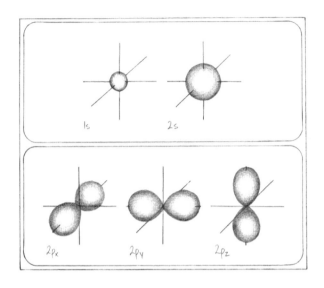

전자궤도
—

양자역학에서 전자는 핵 주위를 도는, 점처럼 단독적인 독립체가 아니다. 더 정확히 말하면 전자는 핵 주위 공간에서 특정한 지점에 존재할 확률로 표시되며, 그 확률은 슈뢰딩거방정식의 해로 결정된다. 전자는 양자 '상태'에 따라 다양한 '궤도'에 있을 수 있다. 양자 상태의 일부는 전자의 에너지로 정의된다. 두 전자가 동일한 양자 상태에 있을 수는 없다. 이 그림에는 수소의 전자궤도 중 에너지가 가장 낮은 것부터 순서대로 5개 궤도가 묘사된다. '1s'는 에너지가 가장 낮은 궤도로, 중성 수소 원자의 '바닥상태'를 나타낸다.

된다. 이 특성에는 에너지, 운동량, '스핀'이 포함된다. 스핀은 고전물리학에서 말하는 각운동량의 양자역학 버전이라 할 수 있다. 이것도 불연속적인 특정 값만 가질 수 있다는 점에서 에너지처럼 양자화 됐다. 기본적인 수준에서는 입자에 붙은 라벨이라고 생각하면 될 것이다. 모든 전자는 스핀 양자수가 1/2인데, 여기에는 '업up'이나 '다운down' 방향이 있다. 크기와 방향이 있으므로 스핀은 '벡터'다.

핵을 구성하는 양성자에도 스핀이 있어서, 업 스핀 혹은 다운 스핀을 지닐 수 있다. 수소 원자의 핵은 전자 하나가 양성자 하나를 둘러싸는 모양이므로, 스핀-스핀 정렬 방식에 두 가지가 있을 수 있다. 양성자 스핀과 전자스핀이 같은 방향(업-업 혹은 다운-다운)이거나 반대 방향(업-다운 혹은 다운-업)으로 되어 있는 것이다. 수소 원자는 두 입자의 스핀이 반대 방향일 때보다 같은 방향일 때 약간 많은 에너지를 갖는 것으로 밝혀졌다. 전자의 바닥 에너지 준위는 미세하게 분리되는데, 분리된 차이가 두 정렬 방식의 에너지 차이와 일치한다. 에너지 차이가 매우 작기 때문에 '초미세 분리hyperfine splitting'라고 한다.

약간 높은 에너지 상태에 있는 수소 원자는, 전자의 스핀이 뒤집히는 경우 그보다 낮은 에너지 상태로 돌아갈 수 있다. 이 과정에서 에너지에 초미세 전이가 일어나는데,

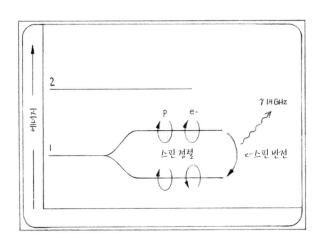

초미세 분리

—

바닥상태에 있는 수소 원자의 초미세 분리. 양성자와 전자의 스핀이 같은 방향으로 정렬됐을 때와 반대 방향으로 정렬됐을 때의 에너지 차이는 주파수 1.4GHz 혹은 파장 21cm인 광자에 해당한다.

이때 전자는 다른 원자 전이와 마찬가지로 광자를 방출해 남는 에너지를 내놔야 한다. 이 경우 에너지 차이가 아주 작으므로 방출되는 광자도 그에 맞게 에너지가 낮다. 즉 파장이 길고 주파수가 낮다. 중성 수소의 경우 이 주파수는 1,420MHz(메가헤르츠), 파장으로는 21cm에 매우 가깝다. 이는 전자기 스펙트럼에서 전파 대역에 해당한다.

우주의 다른 지적 생명체도 양자물리학을 발견했을 가능성이 높기 때문에 초미세 전이를 알고 있을 것이다. 그 유명한 파이어니어 금속판 중 하나로 스핀 반전 개념도가 선택된 것은 이런 생각에서다. 이 개념도는 알루미늄판에 새겨져서 우주탐사선 파이어니어 10호와 11호에 부착됐다. 두 파이어니어호는 태양계의 심연을 탐사하고 궁극적으로 성간 우주를 향하도록 1972년과 1973년에 각각 발사됐다. 우주선과 통신은 이미 끊겼지만 이들은 아직 저 우주 공간 속에 있으며, 짐작건대 지금도 성간 매질이라는 외로운 연옥 속을 날아가고 있을 것이다.

외계 문명이 우리 우주선을 중간에 가로챌 경우를 생각해서 각 우주선에는 인간의 그림과 우주 속에서 우리의 위치를 나타내는 그림이 실렸다. 금속판에는 초미세 분리 외에도 남성과 여성의 신체, 태양계, 우리 은하 중심에 대한 태양의 상대적인 위치, 태양 가까이 위치한 14개 펄서

pulsar(회전하며 규칙적으로 전파를 뿜어내는 중성자별)까지 거리와 그들의 주기가 그려졌다. 초 단위 시간은 인간이 임의로 정의한 것이므로, 펄서의 주기를 표기할 때 전 우주에서 보편적인 초미세 전이 주파수의 역수를 기본 단위로 사용했다.

초미세 전이가 자연적인 현상이긴 하지만, 원자에서 이 전이가 자발적으로 일어나는 일은 극히 드물다. 그래서 우리는 이를 '금지된' 전이라 부른다. 전자와 양성자 스핀이 나란히 정렬된 수소 원자 하나를 지켜본다면, 평균 1000만 년을 기다려야 전자가 스스로 스핀을 뒤집고 전파 광자를 방출하는 것을 볼 수 있다. 하지만 천체물리학에서 우리는 수소가 엄청나게 많다는 호사를 누린다. 우주에는 중성 수소 원자가 매우 많기 때문에 실제로 구름에서 1,420MHz 전파가 꽤 많이 나온다. 다시 말해 자발적으로든, 입자 충돌 같은 촉발 메커니즘을 통해서든, 스핀 반전에 따른 초미세 전이가 일어나는 원자가 어느 순간에나 무수히 많다.

우리는 주파수를 정확히 1,420MHz에 맞춘 전파망원경으로 우리 은하 주변과 그 너머에 있는 중성 수소 구름의 위치를 파악할 수 있다. 우리 은하계와 인근 비슷한 은하의 항성 원반stellar disc에는 중성 수소가 가득하고, 은하 외곽까지 기체가 희박하게 퍼져 있다. 전파로 나선은하를 관측하면 중성 수소가 항성 바람개비stellar pinwheel를 넓게 둘러싼 망토처럼 보여서, 은하의 외곽 구조에 훌륭한 추적자 역할을 한다. 암흑 물질이 은하 내부와 주변에 존재한다는 것을 처음으로 알려준 증거에는 중성 수소의 이 망토 같은 특징도 있었다. 은하 주위를 도는 기체의 속도가 단서였다.

우리 은하 같은 나선은하에서는 원반에 있는 별이 중심 팽대부를 가운데 두고 거대한 궤도를 돈다. 태양은 200km/s 남짓한 회전 속력으로 돌며, 2억 5000만 년마다 은하 중심을 완전히 한 바퀴 공전한다. 우리가 은하 중심을 도는 속도는 은하 중심까지 거리와 우리 궤도 안에 포함된 총 질량에 따라 결정된다. 지구가 태양을 공전하는 속도가 지구-태양의 거리와 태양의 질량에 달린 것과 마찬가지다. 다만 은하의 경우는 은하 궤도의 내부 질량이 우리 태양계처럼 모두 한 점에 존재하는 것이 아니라 수많은 별과 기체 구름에 퍼져 있다.

우리는 분광 기술을 이용해 다른 은하의 원반에 있는 별과 기체의 회전 속도를 측정할 수 있다. 은하 전역에서 관측한 밝은 방출선의 주파수에서 도플러이동에 해당하는 작은 변화를 살펴보면 된다. 회전하는 원반 은하의 가장자리가 정면으로 우리를 향한 경우, 은하 한쪽 측면에서 나오는 빛은 반대쪽 측면에서 나오는 빛에 비해 약간 청색이동 한(우리를 향해 다가오는) 것으로 보이며, 반대쪽 측면은 약간 적색이동 한(우리에게서 멀어지는) 것으로 보인다. 우리는 청색이동과 적색이동이 일어나는 위치를 파악하고, 빛의 주파수에서 도플러이동을 그에 상응하는 속도이동으로 변환함으로써 은하의 회전 속력을 측정할 수 있다. 고감도, 고해상도 관측 덕분에 훨씬 과거의 우주에서 보이는 은하에도 이런 측정이 가능해졌다. 회전 속도는 궤도 안에 포함된 총 질량에 따라 결정되기 때문에, 은하 전역의 회전 패턴을 이용해 은하 내부의 질량 분포를 알아낼 수 있다.

전자기복사를 방출(혹은 흡수)하는 별과 기체의 분포를 살펴보면 은하 안의 **가시적인** 질량의 분포를 측정할 수 있다. 나선은하에서는 가시적인 질량이 대부분 팽대부와 원반에 집중되며, 은하 외곽으로 갈수록 그 양이 점차 적어진다. 가시적인 질량의 분포에 따르면, 회전 속도는 은하의 중심으로 갈수록 감소하고 은하 반지름 안에서는 외곽으로 갈수록 급격히 증가하다가 항성 원반의 가장자리에 이르면 다시 감소할 것으로 예측된다. 회전 속도의 변화를 은하 중심에서부터 잰 거리에 따라 나타낸 것을 '회전 곡선rotation curve'이라고 한다.

1970년대 후반과 1980년대 초반, 베라 루빈Vera Rubin은 이

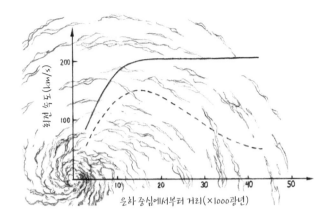

은하의 회전 곡선

—

우리 은하 같은 나선은하가 회전하는 모습은 마치 접시돌리기에서 접시가 도는 모습과 비슷하다. 회전 속도는 은하 중심에서 거리에 따라 변하고, 그 크기는 해당 거리가 둘러싸는 공간에 포함된 총 질량에 달렸다. 이 관계를 나타낸 것이 '회전 곡선'이다. 은하의 반지름이 큰 곳에서 회전 곡선이 편평해지는 관측은 암흑 물질의 존재를 처음으로 알린 증거 중 하나다.

온화된 수소 스펙트럼의 주요 방출선 하나를 이용해 가까운 나선은하의 회전 곡선을 연구하다가 특이한 점을 발견했다. 회전 속도의 관측 값을 측정된 거리에 따라 그려보니, 속도가 떨어질 것이라는 예상과 달리 회전 곡선이 편평하게 유지됐다.

우리는 중성 수소 원자의 확산성 덕분에 별과 이온화된 기체가 있는 곳을 지나 원반 외곽까지 연구할 수 있으며, 전자기 스펙트럼의 가시광선 대역에서 나타나는 방출선으로 측정할 때보다 훨씬 먼 거리까지 회선 곡선을 측정할 수 있다. 원반 외곽의 중성 수소 원자에서 나오는 전파 방출선을 관측한 결과에서도 회전 곡선은 똑같이 편평한 것으로 나타났다. 편평한 회전 곡선은 은하에 어떤 전자기 탐사로도 검출되지 않는 질량이 더 존재한다는 것을 뜻한다. 게다가 이 곡선의 모양이 시사하는 바, 이 추가적인 질량은 대략 구 모양으로 분포하는 것이 분명했다. 벌이 호박 속에 박힌 것처럼 편평한 항성 원반이 구형 '헤일로halo' 안에 파묻힌 모양새였다.

이는 우주의 질량-에너지 총합 중 거의 1/4을 차지하는 암흑 물질에 대한 첫 번째 관측적 증거 중 일부다. 암흑 물질은 우리 눈에 보이지 않지만 중력을 통해 존재를 드러내며, 가시적인 보통 물질의 운동에 영향을 준다. 우리는 아

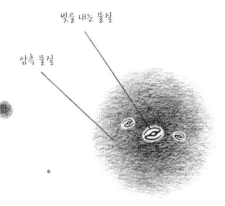

빛을 내는 물질

암흑 물질

암흑 물질 헤일로

—

은하에서 빛을 내는 부분(보통의 바리온 물질로 구성된)은 암흑 물질 '헤일로'
안에 위치한다. 우리가 아는 한 암흑 물질은 보통 물질과 중력을 통해 상호작용
한다.

직 암흑 물질(일종의 입자일 것으로 예상된다)을 직접 관측하지 못했지만, 은하가 암흑 물질 헤일로 안에서 진화한다는 이론은 은하 형성 모형의 표준 패러다임이 됐다.

빅뱅 이후 수십만 년이 지난 재결합 시기, 보통 물질과 암흑 물질이 밀도 요동으로 출렁이는 꽤 균일한 수프 속에서 한데 섞였다. 시간이 흐르면서 밀도 요동의 중력이 증폭되고 자체 중력에 의해 붕괴되면서 처음으로 암흑 물질 헤일로가 만들어졌고, 은하 간 매질에 있던 중성 수소가 필라멘트와 고밀도 덩어리 속으로 끌려 들어갔다. 우주의 구조가 모습을 드러내기 시작했다. 이후 갓 태어난 아기 은하에서 발하는 복사가 주변을 이온화해 은하 간 매질에는 스위스 치즈처럼 구멍이 생겼다. 그렇다면 이온화를 일으키는 광원 말고, 기체에서 발산되는 빛은 어떻게 된 걸까? 중성 수소의 바다에 존재하는 원자에 초미세 전이가 일어났을 테고, 그 결과 전파가 방출된 것이다. 우주의 새벽에 방출된 전파다.

멀리 떨어진 천체에서 발산된 빛이 모두 그렇듯, 재이온화 시기에 방출된 주파수 1,420MHz 광자는 우주론적 적색이동을 겪으면서 우주를 가로지르는 긴 여정에 에너지가 감소한다. 이것을 검출하려면 적색이동 한 광자에 해당하는 낮은 주파수에 맞게 기기를 조정해야 한다. 재이온화 시기 즈음에 초미세 전이가 일어나는 중성 수소 기체의 경우, 오늘날 지구에 도달하는 빛의 주파수는 약 140MHz 다. 초미세 전이 '정지좌표계rest-frame' 값의 1/10 정도로 적색이동 한 것이다. 이 저주파 신호는 광원이 멀수록 희미하게 보이는 우주론적 감광 효과 때문에 신호의 세기 역시 극도로 약하다. 최근까지도 우리에게는 이 복사를 검출할 기술이 부족했다. 그것이 검출될 만큼 충분히 낮은 주파수 대역에서 운영되는 전파망원경이 없었기 때문이다. 이제 상황이 바뀌고 있다.

재이온화 시기 동안 중성 수소 기체에서 방출된 전파를 검출하기 위해 만들어진 새로운 세대의 전파망원경이 등장하고 있다. 재이온화 시대에서 온 전파 신호가 너무 약해서 관측에 수백·수천 시간을 투자해야 겨우 검출할 수 있을 뿐 아니라, 그 신호가 우주에 존재하는 다른 전파 신호의 늪에 빠져 있다는 점이 문제다. 이 모든 잡신호는 재이온화 훨씬 이후 형성된 구조에서 방출된 것으로, 우리 관점에서는 원시 전파 신호를 뒤덮는 빛의 '전경'처럼 보인다.

은하도 전파를 방출한다. 퀘이사가 가시광선과 자외선, X선을 방출하듯, 한창 발달하는 블랙홀은 극도로 강력한 자기장을 통해 입자가 좁은 제트를 거의 빛의 속도로 내뿜을 수 있다. 흔히 이 제트는 마치 담배 연기 기둥처럼 은하를 관통해 멀리 은하 간 공간까지 분출된다. 제트 속에 있는 전자는 자기장에 의해 가속하고, 이런 상호작용으로 '싱크로트론synchrotron' 복사가 방출된다. 강력한 '전파은하radio galaxy'는 상대적으로 희귀하지만(이들은 가장 무거운 편에 속하는 은하인 경향이 있다) 고감도 전파망원경으로 찍은 이미지에서는 너무 밝게 나타날 수 있어서 인근 배경의 희미한 신호를 모두 뭉개버리며, 사실상 우주 심연의 전파 지도를 망쳐버릴 것이다.

별을 형성하는 중인 모든 은하는 비슷한 물리적 과정을 통해 스펙트럼이 넓고 연속적인 전파를 방출하는 경향이 있지만, 왕성하게 활동하는 블랙홀을 품은 강력한 전파은하보다 훨씬 낮은 대역에서 전파를 방출한다. 평범한 은하에서 한 세기에 몇 차례 일어나는 산발적인 초신성 폭발 역시 전자를 항성 간 매질 속으로 가속한다. 은하에는 자기장이 있고, 그 자기장과 접한 전자는 경로가 휜다. 하전입자와 자기장의 이 상호작용으로 전파 대역의 광자가 방출된다. 상대적으로 희미하지만 별을 형성하는 은하는 우주 전체에 셀 수 없이 많기 때문에, 재이온화 시대의 희미한 신호를 검출하려 할 때는 이들을 또 다른 오염원으로 고려해야 한다. 설상가상으로 우리는 우리 은하를 **뚫고** 우주의 심연을 관측하려 하고 있다. 은하수는 각양각색 전파원으로 가득한데다 우리와 매우 가깝기 때문에, 우리가 찾고 있는 먼 곳에서 온 신호에 비해 극도로 밝게 나타난다.

태양계 외부의 가장 밝은 전파원 중 하나는 1054년에 폭발한 별의 잔해인 게성운crab nebula이다. 우리가 이 연도를 정확히 아는 이유는 아라비아와 중국의 천문학자들이 별이 폭발하는 것(혹은 적어도 폭발 직후)을 실제로 관측했고, 하늘에 출현한 새로운 별(초신성)에 대한 기록을 충실히 남겼기 때문이다. 오늘날 이 죽은 별의 잔해는 펄서가 됐다. 매우 빠른 속도로 회전하며 가는 빔의 형태로 전파를 방출하는 중성자별이다. 빔이 지구를 향할 때, 우리는 전자기복사의 짧은 펄스를 관측한다. 등대와 비슷하다고 생각하면 된다. 펄서는 에너지가 엄청난 기체 바람을 성운의 더 넓은 지역(한때 별이던 것의 흩어진 잔해)으로 퍼지게 하는 동력이 되기도 한다. 결과적으로 펄서와 그 주변의 기체는 전파로 이글거린다. 광활한 우주를 연구하고 싶은 우리에게는 은하 안에 산다는 게 불편하기 짝이 없는 일이다. 나무만 보고 숲은 볼 수 없으니 말이다.

전경 은하에서 방출되는 전파 신호는 우리의 관심사인 재이온화 시기의 신호보다 약 1000배는 강하다. 우리 은하에서도 약 1000배 더 강한 전파를 내뿜는다. 따라서 재이온화 시기에 나온 전파를 관측한다는 것은 하나의 도전이며, 이는 마치 폭풍우가 몰아치는 바다에 조약돌을 던지고 나서 이때 생긴 잔물결을 파도에서 분리하려는 일과 같다.

하지만 좋은 소식이 있다. 구름이 잔뜩 낀 하늘 사이로 파란 하늘을 찾아낼 때처럼 오염을 일으키는 전경 은하 방출선이 가장 약한 방향을 관측하는 것이다. 이 방향은 언제나 우리 은하의 고밀도 지역인 은하면을 피한 지역일 수밖에 없다. 은하면은 기체와 별로, 밀도가 너무 높아서 그 너머의 우주를 관측하기가 불가능하기 때문이다. 대신 우리는 원반과 떨어져 있고 방해 물질이 상대적으로 적은 틈새를 은하에서 찾을 수 있다. 이 창은 우리에게 그 너머를 볼 수 있는 더 투명한 시야를 제공한다. 이 전략은 모든 외부 은하 천문학에서 유효하다. 그래도 재이온화 신호를 검출하고 위치를 파악하기 위해서는 상당히 넓은 하늘을 관측해야 하고, 우리 은하와 다른 은하에서 비롯한 전경에 의한 오염도 여전히 존재한다. 이런 잡신호를 제거해야 배경에서 오는 아주 희미한 신호가 드러난다.

다행히 초미세 전이의 특성이 우리를 돕는다. 전경에서 나오는 잡신호는 대부분 범위가 넓은 주파수에 걸쳐 방출되며, 그 스펙트럼은 매끄럽게 변한다. 반면 중성 수소에서 나오는 신호는 뚜렷이 좁고 뾰족한 방출선이다. 초미세 전이는 우리 망원경에 도달할 때까지 주파수가 적색이동하지만, 특정한 주파수에서 나타난다. 전파 방출선이 광원에 따라 스펙트럼상에서 서로 다른 특징을 보이는 덕분에 우리는 잡신호를 대부분 걸러낼 수 있다. 물론 나는 망원경과 수신 기술 혹은 관측에 대한 영리한 설계나 데이터 처리와 신호 정제, 복잡한 과학적 분석과 해석 등 고약할 정도로 어려운 기술적 세부 사항은 미안하지만 얼버무리고 넘어갔다. 극복해야 할 도전이 무수히 많다.

이런 많은 도전은 언젠가 극복**될 것이다**. 여러 망원경 중에서도 특히 유럽에 깔린 저주파 전파수신기의 배열인 로파Low Frequency Array, LOFAR와 브리티시컬럼비아주 펜팅턴에 새로 건설된 차임Canadian Hydrogen Intensity Mapping Experiment, CHIME 같은 망원경은 현재 재이온화 시대 동안 중성 수소에서 발생한 전파 대역의 빛을 관측하려고 시도하고 있다.

이런 실험의 기본 목표는 전파 신호를 검출하고, 하늘 전체에서 신호의 요동을 측정하는 것이다. 빛의 강도의 요동이 정확히 어떻게 분포되는지 알면 여러 모형에서 제시하는 이온화 과정에 대한 이론적 예측과 비교할 수 있다. 데이터와 이론을 비교함으로써 초기 우주에 대한 지식이 진보할 것이다.

중성 수소 원자 기체가 덩어리 없이 완전히 고르게 우주를 가득 채우고 있었다면, 전파 신호의 강도가 규모에 따라 변하는 모습은 보지 못했을 것이다. 현실적으로 기체는 덩어리졌다. 중력의 영향 아래 우주의 구조가 형성되면서 기체는 그 구조를 따라 존재하고, 그렇기 때문에 기체의 밀도는 장소에 따라 달라진다. 초미세 전이에서 방출된 광자의 양은 기체가 얼마나 존재하느냐에 따라 더 많기도, 더 적기도 하다. 재이온화가 진행됨에 따라 새로운 은하와 퀘이사 주변의 공간이 점점 이온화된다는 것이 더 중요하다.

중성 수소가 없으면 초미세 전이가 일어날 수 없다. 따라서 우리는 재이온화 광원에 인접한 곳에서는 전파 신호가 약해지거나 없어질 것으로 예상한다. 이 일이 어떻게 일어나는지 그 패턴은 전파의 빛에 새겨질 것이다. 그렇기 때문에 우리에게 그 패턴은 (검출된다면) 재이온화가 언제 일어났고, 얼마나 오랜 시간이 걸렸고, 최초의 은하가 빛을 발함에 따라 어떻게 우주 전역에 퍼졌는지 관측할 수 있는 유일무이한 길을 열어줄 것이다.

은하 형성에 대한 연구는 소설을 거꾸로 읽는 일과 같다. 맨 마지막 장, 즉 우리에게 도달하는 데 상대적으로 적은 시간이 걸린(아마도 수백만 년 이하) 가까운 천체에서 비롯된 빛을 검출하는 데서 시작한다. 이런 은하, 즉 우리 은하는 물론 안드로메다은하 같은 이웃 은하는 관측하기 쉽다. 이들은 거의 140억 년에 걸친 우주 진화의 산물이다.

외부 은하 천문학에서 경이로운 점은 이 진화가 일어나는 모습을 실제로 목격할 수 있다는 것이다. 우리는 어쩌면 수십억 년은 걸려서 우리에게 도달한 빛을 포집하는 것만으로 은하가 과거에 어땠는지 이해할 수 있다.

시간적으로 먼 과거이자 공간적으로 먼 곳을 거슬러 올라갈수록 천문학적 광원은 극도로 희미해진다. 그래서 점점 더 적은 광자에 의존해 이야기를 이해할 수밖에 없다. 읽으면 읽을수록 빠진 글자가 많아지는 것과 마찬가지다. 더 나쁜 소식은 우리가 이야기를 읽어낼 수 있게 해주는 광자가, 수많은 광원에서 내뿜는 전자기복사로 눈부신 우주 안에서 거의 손실됐다는 것이다. 게다가 빛을 모으는 것과 관련한 기술적 도전이 있고 빛의 메시지를 해독하기 위해 점점 더 좋은 기법을 고안해야 하지만, 현재 우리는 우주에서 벌어진 은하 형성의 거의 모든 단계를 관측했다. 이야기의 시작만 빠졌다. 우주의 새벽에 방출된 전파의 빛을 검출하는 것은 소설의 첫 장에 도달하는 것과 같다. 그 첫 장은 은하가 어떻게 시작됐는지 우리에게 알려줄 것이다.

에필로그

☆

천문학은 좌절감과 즐거움을 동시에 안겨주는 과학이다. 우리는 천문학적으로 유의미할 만큼 지구에서 먼 거리를 여행할 수 없다. 언젠가 우리 후손이 가까운 별을 방문할지도 모르지만, 인류가 지구를 차지한 것과 동일한 방식으로 인간이라는 종種이 우리 은하 전체를 탐사하고 지구 이외 곳에 살 것 같지는 않다. 그리고 우리가 다른 은하로 여행하는 날은 절대 없을 것임이 분명하다.

만에 하나 우리가 이런 일을 할 수 있다 해도 인간은 우주에게 하루살이나 마찬가지다. 우주가 한 살이라면 그중에서 인류 문명 전체가 차지한 시간은 우주 역사에서 마지막 30초에 불과하다. 한 사람의 일생은 눈 깜박할 사이다.

따라서 우리는 우주 구조의 진화나 서서히 움직이는 성간 기체의 들썩임, 두 은하가 충돌하면서 일어나는 중력의 왈츠, 별들의 탄생과 진화 등을 결코 완전히 이해할 수 없다. 우리의 한 살짜리 우주에서 천체물리학 과정이 대부분 일어난 기간은 몇 시간, 며칠, 몇 주, 몇 달에 해당한다. 하지만 우리가 우주를 바라볼 때는 스냅사진 한 장을 볼 수 있을 뿐이다.

그럼에도 우리는 우주를 유심히 보고 우주를 가로질러 여행한 빛을 모으는 것만으로 이런 것들을 이해**할 수 있다**. 여기서 우리는 우주의 일대기와 에피소드를 읽어낸다. 탄생 직후 우주가 어땠는지, 은하 형성의 씨앗이 어떤 자국을 새겼는지, 그 자리에는 없었지만 우리는 알고 있다. 우리는 우주가 팽창한다는 것과 팽창이 명백히 가속되는 것을 관측할 수 있다. 우리는 광자가 지나갈 때 경로가 휘는 것을 관측함으로써 중력에 의해 시공간에 왜곡이 생긴 것을 발견할 수 있다. 우리는 멀리 떨어진 별에서 광자가 1000만 년에 걸쳐 중심부에서 탈출하는 드라마를 상상할 수도 있고, 우주의 역사 내내 은하가 어떻게 변했는지 관측할 수도 있다. 은하 내부의 운동을 관측하고, 은하를 구성하는 성분을 알아낼 수도 있다. 은하의 중심으로 파고들어 초거대 질량 블랙홀의 가장자리에서 블랙홀이 성간 매질을 게걸스럽게 먹어 치우며 엄청난 에너지를 방출하는 모습을 보고 있다고 상상할 수도 있다. 우리는 이 천체들이 어떻게 우주 전역에 빛을 발하는지 볼 수 있다. 지금 우리는 우주의 새벽에서 방출된 빛을 보고 있다.

우리의 호기심(우리를 이끄는 동력)은 선조들이 품었던 호기심과 동일하다. 알고자 하고 이해하고자 하는 단순한 갈망이다. 과학은 이 갈증을 풀어준다. 때로는 이런 시도를 하는 것이 몇몇 사람을 위한 지나치게 관대한 일처럼 보일 수도 있다. 우주를 조금 더 멀리 볼 수 있게 해주고, 우주가 어떻게 작동하는지 조금 더 알 수 있게 해줄 기기를 건설하는 데 수백만 혹은 수억 명이나 되는 납세자의 돈을 써야 할까? 그런 투자의 가시적 수익은 어디에 있나? 그것이 우리 일상을 어떻게 나아지게 하나?

진실을 이야기하자면, 단기적으로는 아마도 이런 과학적 노력이 새로운 노래나 예술 작품이나 블록버스터 영화가 우리 일상을 더 나아지게 만드는 것과 동일한 방식으로 우리 일상을 나아지게 하지는 않을 것이다. 새로운 발견이 생긴다면 멋진 그래픽과 관련 과학자들의 열광적인 반응을 곁들인 떠들썩한 뉴스가 될 수는 있을 것이다. 사람들의 관심을 끌고, 일상을 계속하기 전에 잠시 경탄할 순간을 줄 수도 있다. 근본적이고 진정한 가치는 인류가 우주에 대해 새로운 무엇을 알게 되고, 그 결과 우리가 문명인으로서 성숙해진다는 사실이다. 실질적인 사회적 배당금은 나중에 지급된다.

아이들은 다양한 분야에서 과학자와 공학자가 되려는

열의를 품는다. 이들은 미래의 기술을 발명하고, 내일의 질병을 고칠 것이다. 복잡한 문제에 창조적 해결책도 생겨나 여러 분야에 적용할 수 있다. 예컨대 여러분 집에서 무선 인터넷이 제대로 작동하는 신호 처리 알고리즘은 원래 블랙홀을 이해하고 싶어 하던 전파천문학자들이 개발한 것이다. 더욱 선명한 천문학 이미지를 만들어주는 적응 제어 광학 기술은 안 질환을 발견하기 위한 망막 스캔 기술을 발전시키기도 했다. 이런 것들은 서서히 사회로 흘러들지만 대다수 사람은 깨닫지 못한다. 그리고 기초과학 연구의 실용적 이익은 예측할 수 없지만 심오한 경우가 많다.

우리가 우주 시대에 산다고 말할 수 있는 이유는 우주가 어떻게 작동하는지 알아내기로 선택하기 때문이다. 이해를 향한 이 탐색을 계속하는 한, 21세기 문명이 우리 후손의 눈에 지금 우리가 느끼는 중세 사회처럼 보이게 만들 기술적 도약이 반드시 일어날 것이다.

우리는 그동안 멀리 봤음에도 더 많이 보려는 간절한 마음으로 눈을 혹사한다. 인류는 언제나 그럴 것이다.

더 읽을거리

Al-Khalili, Jim, *Quantum: A Guide for the Perplexed*, London, 2003.

Arcand, Kimberly, and Megan Watzke, *Magnitude: The Scale of the Universe*, New York, 2017.

Coles, Peter, *Cosmology: A Very Short Introduction*, Oxford, 2001. (송형석 옮김, 《우주론이란 무엇인가》, 동문선, 2003.)

Cox, Brian, and Jeff Forshaw, *Universal: A Journey through the Cosmos*, London, 2017.

Einstein, Albert, *Relativity: The Special and the General Theory*, Princeton, NJ, 2015.

Feynman, Richard P., *The Character of Physical Law*, London, 1992. (안동완 옮김, 《물리법칙의 특성》, 해나무, 2016 / 이정호 옮김, 《물리법칙의 특성》, 전파과학사, 2018.)

Feynman, Richard P., *QED: The Strange Theory of Light and Matter*, London, 1990. (박병철 옮김, 《파인만의 QED 강의》, 승산, 2001.)

Feynman, Richard P., *Six Not-so-easy Pieces: Einstein's Relativity, Symmetry, and Space-time*, New York, 2011.

Galfard, Christophe, *The Universe in Your Hand: A Journey through Space, Time and Beyond*, London, 2016.

Geach, James, *Galaxy: Mapping the Cosmos*, London, 2014.

Green, Lucie, *15 Million Degrees: A Journey to the Centre of the Sun*, London, 2017.

Hawking, Stephen, *A Brief History of Time,* London, 1998. (현정준 옮김, 《시간의 역사》, 삼성출판사, 1990.)

Misner, Charles W., Kip Thorne and John A. Wheeler, *Gravitation*, Princeton, NJ, 2017.

Mo, Houjun, Frank van den Bosch and Simon White, *Galaxy Formation and Evolution*, Cambridge, 2010.

Sagan, Carl, *Cosmos*, New York, 2013. (홍승수 옮김, 《코스모스》, 사이언스북스, 2004.)

Scharf, Caleb, *Gravity's Engines: The Other Side of Black Holes*, London, 2012.

Smoot, George, and Keay Davidson, *Wrinkles in Time: Imprint of Creation*, New York, 1993.

Susskind, Leonard, *Quantum Mechanics: The Theoretical Minimum*, New York, 2014.

Thorne, Kip, *Black Holes and Time Warps: Einstein's Outrageous Legacy*, New York, 1994. (박일호 옮김, 《블랙홀과 시간여행》, 반니, 2016.)

Tyson, Neil deGrasse, *Astrophysics for People in a Hurry*, New York, 2017. (홍승수 옮김, 《날마다 천체물리》, 사이언스북스, 2018.)

Weinberg, Steven, *The First Three Minutes: A Modern View of the Origin of the Universe*, New York, 1993. (신상진 옮김, 《최초의 3분》, 양문, 2005.)

찾아보기